實用藥用植物圖鑑及驗方：易學易懂600種

Illustration and Formula of Practical Medicinal Plants

第2版

藥學博士 黃世勳 編著

Edited by Shyh-Shyun Huang Ph. D.

本書所載醫藥知識僅供參考，使用前務必請教有經驗的專業人士，以免誤食誤用影響身體健康。

文興印刷事業有限公司 / 出版
臺灣藥用植物教育學會 / 發行

再版序

本書第 1 版自 2015 年 6 月付梓出版以來，感謝多所學校教師將本書指定為相關課程之教科書，初版書籍於 2017 年底早已售罄，而全臺各通路也陸續提出補書的需求。此次再版除了將部分內容稍作修正外，更增加了許多臺灣民間實用驗方【可參閱本書「臺灣民間驗方選錄 (2)」的單元】，全書共收錄方例 478 首，相信對於讀者們在研讀本書內容時，更能透過方例的應用學習，快速掌握所學藥用植物的主要藥用價值。

而在處理再版的同時，本書的續冊《彩色藥用植物圖鑑及驗方（加強學習 600 種）》也正積極編寫中，其收錄藥用植物種類與本書所載完全無重複，待續冊完成時，兩書內容所收錄臺灣產藥用植物種類將可達 1,200 種，而續冊也被規劃在文興「神農嚐百草」書系的第 3 輯，敬請期待。

另外，將具有保健功效的臺灣本土藥用植物開發成商品，以嘉惠社會大眾，向來是筆者的努力目標。以本書第 72 頁的「飛龍掌血」為例，考證其醫藥應用歷史，可追溯到南投縣埔里以北的泰雅族，族人稱飛龍掌血為「Tatukao」，早期於野外活動受傷時，習慣採摘其新鮮的葉片直接搗敷傷口；而日月潭畔的邵族，也有類似的醫療使用。基於上述的應用典故，便激起了筆者的靈感，近年來與中國醫藥大學黃冠中教授、英全藥品有限公司透過產學合作，共同研發一系列「飛龍掌血」的產品，產品口碑極佳，藉此呼籲諸位同好也能共襄盛舉，以打造臺灣成為「中草藥科技島」。

而此次再版仍維持書籍大小在「17×23(公分)」的大版面，希望能幫助讀者們易於閱讀。最後，謹以感恩的心，謝謝廣大的讀者朋友們對於文興藥用植物書系的支持，我們將會努力編輯更多關於藥用植物的優良讀物，以回饋讀者們的厚愛。

中華藥用植物學會理事長

藥學博士 黃世勳 謹誌

於中華藥用植物研究室 中華民國 107 年 4 月

目錄
CONTENT

目錄

目錄

臺灣民間藥草選錄

白樺茸

刺革菌科 (Hymenochaetaceae)

Inonotus obliquus (Ach. *ex* Pers.) Pilát

別名 樺樹菇、西伯利亞靈芝、樹蘑菇。

藥用 子實體能抗氧化、抗癌、降低病毒活性、提高人體免疫力，治癌症、胃炎、潰瘍及骨結核。還能預防乳腺癌、肝癌、子宮癌、胃癌、糖尿病及高血壓等。

桂花耳

花耳科 (Dacrymycetaceae)

Dacryopinax spathularia (Schw.) Martin

別名 匙蓋假花耳。

藥用 群生在腐木上的子實體為舌狀或花瓣狀，橙黃色，往往生長在食用菌段木上，被視為「雜菌」。子實體含類胡蘿蔔素，膠質，可食。

毛木耳

木耳科 (Auriculariaceae)

Auricularia polytricha (Mont.) Sacc.

別名 白背木耳、毛耳、木耳、粗木耳。

藥用 子實體味甘，性平。能補氣血、潤肺、活血、止血、止痛，治腰腿疼痛、產後虛弱、抽筋麻木、血脈不通、麻木不仁、痔血、子宮出血。

牛樟芝

多孔菌科(Polyporaceae)

Antrodia camphorata (M. Zang & C. H. Su) Sheng H. Wu, Ryvarden & T. T. Chang

別名 樟芝、牛樟菇、棺材花。

藥用 子實體味苦，性寒。能保肝、解酒、消炎、抗癌，治感冒喉痛、腸炎腹瀉、肝炎、肝硬化、口苦口臭、肝癌、胃癌等。

毛革蓋菌

多孔菌科(Polyporaceae)

Coriolus hirsutus (Wulf. *ex* Fr.) Quél.

別名 毛栓菌、毛多孔菌、絨毛栓菌。

藥用 子實體味甘、淡，性微寒。能祛風除濕、清肺止咳、祛腐生肌，治風濕疼痛、肺熱咳嗽、瘡瘍膿腫等。

靈　芝

多孔菌科(Polyporaceae)

Ganoderma lucidum (Leyss. *ex* Fr.) Karst.

別名 赤芝、紅芝、丹芝。

藥用 子實體味甘、微苦，性平。能補氣益血、養心安神，治精神衰弱、失眠、肝炎、腎虛腰痛、支氣管炎等。

毛蜂窩菌

多孔菌科(Polyporaceae)

Hexagonia apiaria (Pers.) Fr.

別名 龍眼梳、龍眼蜂窩菇。

藥用 子實體味微澀，性平。能整腸、健胃、制酸，治胃氣痛、消化不良。(臺灣中、南部常見，多生長於龍眼、荔枝等闊葉樹的樹幹上)

朱紅栓菌

傘菌科(Rhodophyllaceae)

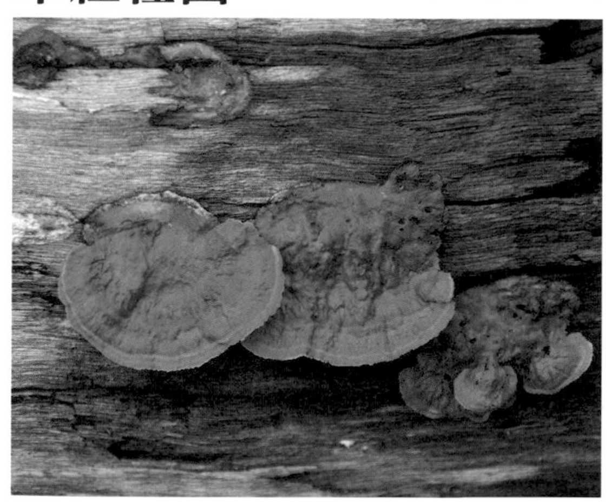

Trametes cinnabarina (Jacq.) Fr.

別名 朱砂菌、紅栓菌、胭脂栓菌。

藥用 子實體味澀、微辛，性溫。能清熱解毒、抗菌、消炎、止血，治支氣管炎、風濕性關節炎、外傷出血等。

香　蕈

側耳科 (Pleurotaceae)

Lentinus edodes (Berk.) Sing.

別名 香菇、冬菇、花菇。

藥用 子實體味甘，性平。能益氣助食、化痰理氣、托痘疹、抗癌，治佝僂病、溲濁不禁、貧血、食菌中毒等。

金頂側耳

側耳科 (Pleurotaceae)

Pleurotus citrinopileatus Sing.

別名 黃金菇、珊瑚菇、玉米菇、金頂蘑。

藥用 子實體味甘，性溫。能滋補強壯、止痢、抗癌，治虛弱萎症、體虛多汗、陽萎、肺氣腫、痢疾等。

裂褶菌

裂褶菌科 (Schizophyllaceae)

Schizophyllum commune Fr.

別名 白參、樹花、雞毛菌。

藥用 子實體味甘，性平。能滋補強身、補腎益精、止帶、抗癌，治體虛氣弱、月經量少、帶下、陽萎、早洩等。

簇生鬼傘

鬼傘科 (Coprinaceae)

Coprinus disseminatus (Pers.: Fr.) S. F. Gray

別名 一夜菇、小鋼盔、小仙女帽、墨水菇。

藥用 菌絲培養液之萃取物能誘導人類子宮頸癌細胞凋亡。

紫色禿馬勃

馬勃科 (Lycoperdaceae)

Calvatia lilacina (Mont. & Berk.) Lloyd

別名 紫色馬勃、馬勃、馬屁勃、牛屎菇。

藥用 子實體（藥材稱馬勃）味辛，性平。能止血、消腫，治咳嗽、音啞、咽喉腫痛、吐血、衄血等。

筋骨草

石松科 (Lycopodiaceae)

Lycopodium cernuum L.

別名 伸筋草、過山龍、鹿角草。

藥用 全草味苦、辛，性平。能清熱利濕、舒筋活絡、生肌活血，治風濕、肝炎、風疹、跌打扭傷、乳腺炎、火燙傷等。

卷　柏

卷柏科 (Selaginellaceae)

Selaginella tamariscina (Beauv.) Spring

別名 萬年松、九死還魂草、老虎爪。

藥用 全草味辛，性平。能涼血、理氣、疏風，治經閉、癥瘕、風濕疼痛、跌打、腹痛、哮喘等，炒炭專用於止血。

翠雲草

卷柏科 (Selaginellaceae)

Selaginella uncinata (Desv. *ex* Poir.) Spring

別名 龍鱗草、綠絨草、藍地柏、劍柏。

藥用 全草味甘、淡，性涼。能清熱、利濕、止血、止咳，治急性黃疸型肝炎、膽囊炎、腸炎、腎炎、泌尿道感染；外用治跌打損傷、外傷出血。

木　賊

木賊科 (Equisetaceae)

Equisetum ramosissimum Desf.

別名　節節草、接骨草、筆管草、接骨筒。

藥用　全草味甘、微苦，性涼。能止痛、利尿，治泌尿生殖系統疾病、尿床、關節炎、潰瘍、濕疹，調節體內代謝平衡。

松葉蕨

松葉蕨科 (Psilotaceae)

Psilotum nudum (L.) Beauv.

別名　松葉蘭、鐵掃把、石寄生。

藥用　全草味甘、辛，性溫。能活血通經、祛風濕、利關節，治風濕痺痛、坐骨神經痛、婦女經閉、吐血、跌打損傷等。

薄葉大陰地蕨

瓶爾小草科 (Ophioglossaceae)

Botrychium daucifolium (Wall.) Hook. & Grev.

別名　大花蕨、日本陰地蕨、華東大陰地蕨。

藥用　全草味甘、辛，性平。能補虛潤肺、化痰止咳、清熱解毒，治肺熱咳嗽、氣虛血虛、痄腮、乳癰、跌打損傷、蛇傷、狂犬咬傷等。

海金沙

莎草蕨科 (Schizaeaceae)

Lygodium japonicum (Thunb.) Sweet

別名　鐵線草、珍中毛、藤中毛仔。

藥用　全草及孢子味甘，性寒。能清熱解毒、利水通淋，治尿道結石、尿道感染、腎炎水腫、濕熱黃疸、咽喉腫痛、飛蛇、燙傷、丹毒等。

臺灣金狗毛蕨

蚌殼蕨科 (Dicksoniaceae)

Cibotium taiwanianum Kuo

別名 金狗毛、金毛狗脊、狗脊。

藥用 根莖味甘、苦，性溫。能補肝腎、強筋骨、祛風除濕，治關節炎、坐骨神經痛。茸毛能止血，治外傷出血。

筆筒樹

桫欏科 (Cyatheaceae)

Cyathea lepifera (J. Sm.) Copel.

別名 山大人、山棕蕨、蛇木桫欏。

藥用 莖上部幼嫩部分（藥材稱本貫眾）味苦，性平。能消腫退癀，治乳癰、瘡癤、疔瘡、無名腫毒等。

水　蕨

水蕨科 (Parkeriaceae)

Ceratopteris thalictroides (L.) Brongn.

別名 水羊齒、水防風、水胡蘿蔔。

藥用 全草味甘、淡，性涼。能散瘀拔毒、鎮咳化痰、止痢、消積，治腹中痞積、跌打、痢疾、瘡癤、胎毒、咳嗽、淋濁等。

鐵線蕨

鐵線蕨科 (Adiantaceae)

Adiantum capillus-veneris L.

別名 岩浮萍、烏腳芒、團扇鐵線蕨。

藥用 全草味苦，性涼。能清熱、祛風、利尿、消腫，治咳嗽吐血、風濕痺痛、淋濁、帶下、乳腫、濕疹等。

鞭葉鐵線蕨

鐵線蕨科 (Adiantaceae)

Adiantum caudatum L.

別名 有尾鐵線蕨、有尾靈線草、過山龍。

藥用 全草味苦、微甘，性平。能清熱解毒、利水消腫、涼血止血，治口腔潰瘍、腎炎、膀胱炎、尿路感染、吐血、癰瘡、蛇傷等。

扇葉鐵線蕨

鐵線蕨科 (Adiantaceae)

Adiantum flabellulatum L.

別名 過壇龍、鐵線草、黑腳蕨。

藥用 全草味微苦，性涼。能清熱、利濕，治肝炎、痢疾、胃腸炎、尿道炎、黃疸、乳腺炎、頸部淋巴結核、蛇傷等。

半月形鐵線蕨

鐵線蕨科 (Adiantaceae)

Adiantum philippense L.

別名 菲律賓鐵線蕨、龍蘭草、龍鱗草。

藥用 全草味淡、微辛，性平。能活血散瘀、利尿、止咳，治乳癰、小便澀痛、熱淋、發熱咳嗽、產後瘀血、血崩等。

細葉碎米蕨

鳳尾蕨科 (Pteridaceae)

Cheilanthes mysurensis Wall.

別名 石壁癀、金蕨、舟山粉背蕨。

藥用 全草味微苦，性涼。能清熱解毒、利尿、止痢、清肝火，治肝炎、黃疸、肺炎、牙痛、喉痛、痢疾、小便澀痛、蛇傷等。

日本金粉蕨

鳳尾蕨科 (Pteridaceae)

Onychium japonicum (Thunb.) Kunze

別名 土黃連、野雞尾、鳳尾蓮。

藥用 全草味苦，性寒，為苦味健胃劑。能清熱、利濕、解毒、止血，治赤痢、腸胃炎。（本品苦味可比黃連，故俗稱土黃連）

傅氏鳳尾蕨

鳳尾蕨科 (Pteridaceae)

Pteris fauriei Hieron.

別名 金錢鳳尾蕨、鳳尾蕨、冷蕨草。

藥用 葉味淡，性涼。能清熱、消炎、止血，治燒燙傷、外傷出血等。

鳳尾蕨

鳳尾蕨科 (Pteridaceae)

Pteris multifida Poir.

別名 井邊草、烏腳雞、鳳尾草。

藥用 全草味苦，性微寒。能清熱利濕、涼血解毒，治細菌性痢疾、肝炎、尿道炎、咳血、牙痛、口腔炎等。

瓦氏鳳尾蕨

鳳尾蕨科 (Pteridaceae)

Pteris wallichiana Agardh

別名 三叉鳳尾蕨。

藥用 全草味微苦、澀，性涼。能清熱、止血，治痢疾、驚風、外傷出血等。

槲　蕨

水龍骨科 (Polypodiaceae)

Drynaria fortunei (Kunze *ex* Mett.) J. Smith

別名 爬岩薑、骨碎補、大飛龍、龍眼癀。

藥用 根莖味苦，性溫。能補腎強骨、活血止痛，治腎虛腰痛、久瀉、耳鳴、耳聾，風濕酸痛、跌打、血瘀疼痛、牙痛、遺尿。

伏石蕨

水龍骨科 (Polypodiaceae)

Lemmaphyllum microphyllum Presl

別名 石瓜子、螺厴草、豆片草、抱樹蕨。

藥用 全草味甘、微苦，性寒。能清肺止咳、涼血解毒、潤肺止咳，治肺癰、咳血、衄血、尿血、白帶、關節炎、跌打損傷。

崖薑蕨

水龍骨科 (Polypodiaceae)

Pseudodrynaria coronans (Wall.) Ching

別名 岩薑、骨碎補、龍眼癀。

藥用 根莖味苦、微澀，性溫。能祛風除濕、舒筋活絡，治風濕疼痛；外用治跌打損傷、骨折、中耳炎。

石　韋

水龍骨科 (Polypodiaceae)

Pyrrosia lingus (Thunb.) Farw.

別名 小石葦、石劍、飛刀劍。

藥用 全草（或葉）味苦、甘，性微寒。能利水通淋、清肺泄熱，治淋痛、尿血、尿道結石、腎炎、崩漏、痢疾、肺熱咳嗽等。

掌葉石韋

水龍骨科 (Polypodiaceae)

Pyrrosia polydactylis (Hance) Ching

別名 槭葉石葦。

藥用 全草（或葉）味苦、甘，性微寒。能利濕、清熱、止咳、止血，治感冒發熱、肺熱咳嗽、喉痛、腎炎水腫、濕疹、皮膚癢。

稀子蕨

碗蕨科 (Dennstaedtiaceae)

Monachosorum henryi Christ

別名 佛指蕨、觀音蓮、零餘子蕨。

藥用 全草味微苦，性平。能祛風、解毒，治感冒發熱、風濕骨痛等。

烏　蕨

陵齒蕨科 (Lindsaeaceae)

Sphenomeris chusana (L.) Copel.

別名 山雞爪、鳳尾草、硬枝水雞爪。

藥用 全草味微苦、澀，性寒。能清心火、利尿、止血、生肌、消炎，治腸炎、痢疾、肝炎、感冒發熱、咳嗽、痔瘡、跌打等。

小毛蕨

金星蕨科 (Thelypteridaceae)

Cyclosorus acuminatus (Houtt.) Nakai *ex* H. Ito

別名 漸尖毛蕨、尖羽毛蕨、舒筋草。

藥用 根莖（或全草）味微苦，性平。能清熱解毒、祛風除濕、消炎健脾、涼血止痢，治痢疾、腸炎、熱淋、喉痛、風濕痺痛、小兒疳積、燒燙傷。

細葉複葉耳蕨

鱗毛蕨科 (Dryopteridaceae)

Arachniodes aristata (Forst.) Tindale

別名 細葉鐵蕨。

藥用 全草（或根莖）味微苦，性涼。能清熱、解毒，治痢疾。

過溝菜蕨

蹄蓋蕨科 (Woodsiaceae)

Diplazium esculentum (Retz.) Sw.

別名 過貓菜、蕨菜、蕨貓、山鳳尾。

藥用 全草味微苦，性涼。能清熱涼血、利尿通淋，治濕熱黃疸、淋症、癰瘡腫毒等。

腎　蕨

蓧蕨科 (Oleandraceae)

Nephrolepis auriculata (L.) Trimen

別名 球蕨、鐵雞蛋、鳳凰蛋。

藥用 全草味苦、辛，性平。能清熱、利濕、解毒，治淋巴結核、腎臟炎、淋病、消化不良、痢疾、血淋、睪丸炎、高血壓等。

東方狗脊蕨

烏毛蕨科 (Blechnaceae)

Woodwardia orientalis Sw.

別名 金狗毛。

藥用 根莖味苦、甘，性涼，有小毒。能活血化瘀、祛風除濕、壯腰膝，治風寒濕痺、腰腿痛、蛇傷、燙傷等。

滿江紅

滿江紅科 (Azollaceae)

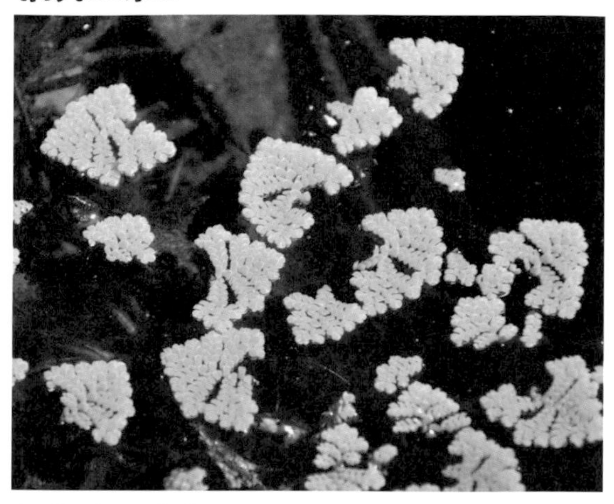

Azolla pinnata R. Br.

別名 萍、紅萍、臭萍。

藥用 全草味甘、微苦，性涼。能祛風解毒、殺蟲止癢，治各種癬、麻疹、肛門搔癢等。

銀　杏

公孫樹科 (Ginkgoaceae)

Ginkgo biloba L.

別名 白果、公孫樹、鴨掌樹。

藥用 種子（用時打碎取種仁）味甘、苦、澀，性平，有小毒。能鎮咳、止喘、抗利尿，治肺虛喘咳、帶下、白濁、小便頻數、遺尿等。

竹　柏

羅漢松科 (Podocarpaceae)

Podocarpus nagi (Thunb.) Zoll. & Moritz.

別名 桫杉、百日青、山杉。

藥用 葉味淡，性平。能止血、消腫，治骨折、外傷出血、風濕痺痛等。（葉揉爛有芭樂味）

日本黑松

松科 (Pinaceae)

Pinus thunbergii Parl.

別名 黑松。

藥用 葉味苦、澀，性溫。能祛風止痛、活血消腫、明目，治感冒、風濕疼痛、跌打、夜盲。

編語 本植物的針葉呈 2 針一束，粗硬，長 6 ～ 12 公分。

側　柏

柏科 (Cupressaceae)

Biota orientalis (L.) Endl.

別名　扁柏、香柏、柏樹。

藥用　葉（或含嫩枝）味苦、澀，性寒。能涼血止血、清肺止咳，治咯血、胃腸道出血、尿血、子宮出血、慢性氣管炎、脫髮等。

肯氏南洋杉

南洋杉科 (Araucariaceae)

Araucaria cunninghamii Ait. *ex* Sw.

別名　南洋杉。

藥用　(1) 枝葉煎汁洗皮膚過敏。(2) 油脂治皮膚病、皮膚過敏。

香　蒲

香蒲科 (Typhaceae)

Typha orientalis Presl

別名　水蠟燭、東方香蒲、蒲黃草。

藥用　花粉味甘，性平。能止血、化瘀、通淋，治吐血、衄血、咯血、崩漏、外傷出血、經閉、經痛、脘腹刺痛、跌打、血淋澀痛。

林　投

露兜樹科 (Pandanaceae)

Pandanus odoratissimus L. f.

別名　露兜樹、假菠蘿、野菠蘿。

藥用　全株味甘、淡，性涼。(1) 葉能發汗解表。(2) 根治感冒發熱、腎炎水腫、尿路感染、肝炎、肝硬化。(3) 果實治痢疾、咳嗽。

芋香林投

露兜樹科 (Pandanaceae)

Pandanus odorus Ridl.

別名 七葉蘭、印度神草、避邪樹。

藥用 葉能生津止咳、潤肺化痰、利濕、解酒、止渴，治糖尿病、痛風、感冒咳嗽、肺熱氣管炎、宿酒困倦、小便不利、水腫等。

馬來眼子菜

眼子菜科 (Potamogetonaceae)

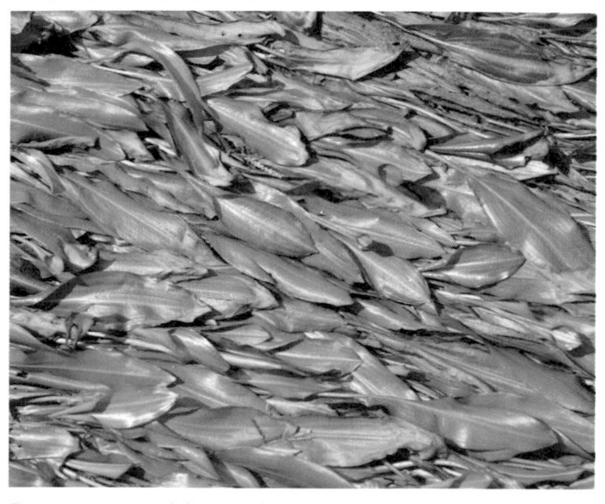

Potamogeton malaianus Miq.

別名 匙葉眼子菜、竹草眼子菜、竹葉藻。

藥用 全草味苦，性溫。能清熱、利水、止血、消腫、消積，治目赤腫痛、痢疾、黃疸、淋症、水腫、帶下、血崩、痔血、蛔蟲病。

野慈菇

澤瀉科 (Alismataceae)

Sagittaria trifolia L.

別名 水芋、野茨菰、剪刀草。

藥用 球莖味甘、微苦、微辛，性微寒。能活血涼血、解毒散結，治胎衣不下、帶下、崩漏、衄血、咳嗽痰血、目赤腫痛、睪丸炎

水車前草

水鼈科 (Hydrocharitaceae)

Ottelia alismoides (L.) Pers.

別名 龍舌草、水白菜、龍爪草。

藥用 全草味甘、淡，性涼。能清熱化痰、解毒利尿，治肺熱咳嗽、肺癆、咳血、哮喘、水腫、小便不利；外用治癰腫、燒燙傷、乳癰。

檸檬香茅

禾本科 (Gramineae)

Cymbopogon citratus (DC.) Stapf

別名 香茅、檸檬茅、香草。

藥用 全草味辛，性溫。能祛風濕、解表、祛瘀通絡、消腫止痛，治風濕疼痛、頭痛、跌打腫痛、中耳炎、糖尿病、感冒等。

毛節白茅

禾本科 (Gramineae)

Imperata cylindrica (L.) P. Beauv. var. *major* (Nees) C. E. Hubb. *ex* Hubb. & Vaughan

別名 （白）茅根、茅仔草。

藥用 根莖（藥材稱園仔根）味甘，性寒。能涼血止血、清熱利尿，治麻疹不發、熱病煩渴、吐血、水腫等。

五節芒

禾本科 (Gramineae)

Miscanthus floridulus (Labill) Warb. *ex* Schum. & Laut.

別名 芭茅、萱仔、寒芒、菅草。

藥用 根莖味辛，性溫。能順氣、解表、祛瘀，治月經不調、小兒痘疹不出、小兒疝氣等。

稻

禾本科 (Gramineae)

Oryza sativa L.

別名 水稻、稻芽、陳倉米、禾。

藥用 稻芽（發芽的果實）味甘，性溫。能消食和中、健脾開胃，治食積、腹脹口臭、脾胃虛弱、不飢食少。（莖葉能寬中下氣、消食積）

金絲草

禾本科 (Gramineae)

Pogonatherum crinitum (Thunb.) Kunth

別名 筆仔草、必仔草、墻頭草。

藥用 全草味甘、淡，性寒。能清熱解毒、利水通淋、涼血、抗癌，治黃疸型肝炎、熱病煩渴、淋濁、小便不利、尿血、糖尿病。

甜根子草

禾本科 (Gramineae)

Saccharum spontaneum L.

別名 猴蔗、黑猴蔗、割手密。

藥用 根莖味甘，性涼。能清熱利尿、化痰止咳，治頓咳、咳嗽、熱淋等。

高　粱

禾本科 (Gramineae)

Sorghum bicolor (L.) Moench

別名 蜀黍。

藥用 (1) 種子味甘、澀，性溫。能調中氣、澀腸胃，治霍亂、痢疾、小便淋痛、下痢、小兒消化不良。(2) 根能利尿，治膝痛、腳跟痛、難產。

紅果薹

莎草科 (Cyperaceae)

Carex baccans Nees

別名 山稗子、紅稗、土稗子、山高粱。

藥用 (1) 種子味甘、辛，性平。能透疹止咳、補中利水，治小兒麻疹、水痘、脫肛、浮腫。(2) 全草味苦、澀，性寒。能調經、止血，治血崩、月經不調、胃腸出血。

輪傘莎草

莎草科 (Cyperaceae)

Cyperus alternifolius L. subsp. *flabelliformis* (Rottb.) Kukenthal

別名 風車草、傘葉莎草、傘莎草、破雨傘。

藥用 帶根全草味酸、甘、微苦，性涼。能行氣、活血、解毒，治瘀血作痛、蛇蟲咬傷。

碎米莎草

莎草科 (Cyperaceae)

Cyperus iria L.

別名 米莎草、三方草、四方草。

藥用 全草味辛，性平。能祛風、除濕、調經、利尿，治風濕筋骨痛、跌打損傷、癱瘓、月經不調、痛經、經閉、砂淋。

莎　草

莎草科 (Cyperaceae)

Cyperus rotundus L.

別名 香附、香稜、依依草。

藥用 根莖（藥材稱香附）味辛、甘、微苦，性平。能疏肝理氣、止痛調經，治肝氣鬱滯、胸悶脅痛、乳房脹痛、月經不調、行經腹痛。

檳　榔

棕櫚科 (Palmae)

Areca catechu L.

別名 菁仔、菁仔欉、大腹檳榔。

藥用 種子（藥材稱檳榔）味苦、辛，性溫。能殺蟲消積、行氣降氣、截瘧，治蛔蟲寄生、食積、脘腹脹痛、痢疾、水腫、腳氣。

山棕

棕櫚科 (Palmae)

Arenga tremula (Blanco) Becc.

別名 桄榔、桄榔子。

藥用 (1) 種子味苦、辛，性溫。能清血。(2) 果皮能滋養、強壯。

黃藤

棕櫚科 (Palmae)

Calamus quiquesetinervius Burret

別名 省藤、藤根。

藥用 莖味苦，性平。能驅蟲、利尿、祛風、鎮痛，治蛔蟲寄生、蟯蟲寄生、小便熱淋澀痛、牙齒痛。

椰子

棕櫚科 (Palmae)

Cocos nucifera L.

別名 可可椰子、椰樹、椰瓢、越王頭。

藥用 (1) 椰子水（漿）味甘，性涼。能滋補、消渴、清暑、殺蟲、利尿，治消渴症、風熱症、吐血、水腫、口乾煩渴。(2) 椰子肉（瓤）味甘，性平。能益氣、健脾。

蒲葵

棕櫚科 (Palmae)

Livistona chinensis R. Br.

別名 扇葉葵、葵扇木、蓬扇樹。

藥用 (1) 種子味甘、澀，性平。能軟堅散結、抗癌，治食道癌、鼻咽癌、絨毛膜上皮癌、惡性葡萄胎、白血病。(2) 根能止痛，治哮喘。

水菖蒲

天南星科 (Araceae)

Acorus calamus L.

別名 菖蒲、泥菖蒲、白菖、臭蒲。

藥用 根莖味苦、辛，性溫。能辟穢開胸、宣氣逐痰、解毒殺蟲、鎮痛祛風、健脾利濕，治癲癇、驚悸健忘、溫滯痞脹、泄瀉、風濕、癰腫疥瘡。

半　夏

天南星科 (Araceae)

Pinellia ternata (Thunb.) Breitenbach

別名 三不掉、地文、三葉半夏、扣子蓮。

藥用 塊莖味辛，性溫，有毒。能燥濕化痰、降逆止嘔、消腫散結，治痰多咳嗽、痰濕壅滯、胸脘痞悶、胃氣上逆、胃不和臥不安、癰疽腫毒。

犁頭草

天南星科 (Aracea)

Typhonium blumei Nicolson & Sivadasan

別名 土半夏、生半夏、甕菜癀。

藥用 (1) 全草味苦、辛，性溫，有毒。能散瘀解毒、消腫止痛，治跌打、外傷出血、癰腫。(2) 塊根能祛痰、解毒，治咳嗽、癰瘡。(3) 鮮葉治喉癌。

紫　萍

浮萍科 (Lemnaceae)

Spirodela punctata (G. Mey.) C. H. Thomps.

別名 浮萍、小浮萍、小紫萍。

藥用 全草味甘，性平。能發汗、祛風利濕、清熱解毒，治感冒發熱無汗、風熱癮疹、熱渴、煩躁、小便不利、腎臟炎、流鼻血等。

印度鞭藤
鞭藤科 (Flagellariaceae)

Flagellaria indica L.

別名 鬚葉藤、蘆竹藤、印度山藤、藤竹仔。

藥用 (1) 根或根莖味酸、澀，性涼。能利尿，治水腫、小便不利。(2) 嚼食枯枝可治牙疼。(3) 葉為收斂劑，治創傷。

竹仔菜
鴨跖草科 (Commelinaceae)

Commelina diffusa Burm. f.

別名 竹葉草、節節草、竹仔草。

藥用 全草味淡，性寒。能清熱解毒、利尿消腫、止血，治急性咽喉炎、痢疾、小便不利；外用治外傷出血。

肝炎草
鴨跖草科 (Commelinaceae)

Murdannia bracteata (C. B. Clarke) O. Kuntze *ex* J. K. Morton

別名 百藥草、痰火草、大苞水竹葉。

藥用 全草味甘、淡，性涼。能化痰散結、清熱解毒、通淋消腫、止咳，治瘰癧、熱淋、肺炎、肝炎、肝硬化、腎炎水腫、白內障。

蚌　蘭
鴨跖草科 (Commelinaceae)

Rhoeo discolor Hance

別名 紫萬年青、紅川七、荷包花。

藥用 葉味甘、淡，性涼。能清熱潤肺、化痰止咳、涼血止痢、止血去瘀、解鬱，治肺炎、肺熱乾咳、勞傷吐血、跌打損傷。

怡心草

鴨跖草科 (Commelinaceae)

Tripogandra cordifolia (Sw.) Aristeg.

別名 腰仔草、紅葉腰仔草。

藥用 全草能治高尿酸、痛風及糖尿病等。(本植物可供食用，亦可以炒食方式入藥)

紅苞鴨跖草

鴨跖草科 (Commelinaceae)

Zebrina pendula Schnizl.

別名 時線蓮、斑葉鴨跖草、吊竹草。

藥用 全草味甘，性涼，有毒。能清熱解毒、涼血利尿，治肺癆咯血、喉痛、目赤紅腫、痢疾、水腫、淋症、帶下；外用治癰毒、燒燙傷、毒蛇咬傷。

布袋蓮

雨久花科 (Pontederiaceae)

Eichhornia crassipes (Mart.) Solms

別名 鳳眼蓮、水葫蘆、洋水仙、大水萍。

藥用 全草味淡，性涼。能清熱解毒、祛風除濕、利尿消腫，治中暑煩渴、腎炎水腫、小便不利、高血壓；外敷熱瘡。

鴨舌草

雨久花科 (Pontederiaceae)

Monochoria vaginalis (Burm. f.) Presl

別名 鴨嘴菜、豬兒菜、學菜、福菜。

藥用 全草味苦，性涼。能清熱解毒，治泄瀉、痢疾、乳蛾、齒齦膿腫、丹毒等；外用治蛇蟲咬傷、瘡癤。

直立百部
百部科 (Stemonaceae)

Stemona sessilifolia (Miq.) Miq.

別名 百部。

藥用 塊根味甘、苦，性微溫（或謂性平）。能潤肺止咳、殺蟲滅虱，治肺癆咳嗽、頓咳、老年咳嗽、咳嗽痰喘，蛔、線蟲病；外用治疥癬、濕疹、頭虱、體虱。

百　部
百部科 (Stemonaceae)

Stemona tuberosa Lour.

別名 對葉百部、百部草、野天冬、百條根。

藥用 塊根味甘、苦，性微溫（或謂性平）。能潤肺止咳、殺蟲滅虱，治肺癆咳嗽、頓咳、老年咳嗽、咳嗽痰喘，蛔、線蟲病；外用治疥癬、濕疹、頭虱、體虱。

葱
百合科 (Liliaceae)

Allium fistulosum L.

別名 風葱、北葱、大葱、青葱。

藥用 (1) 鱗莖味辛，性溫。能發表、通陽、安胎、通乳汁、止血、解毒，治傷寒、寒熱頭痛、目眩、身痛麻痺、衄血、血痢、乳癰、癰腫。(2) 種子治陽萎。

韭　菜
百合科 (Liliaceae)

Allium tuberosum Rottler

別名 扁菜、草鐘乳、起陽草。

藥用 (1) 根及鱗莖味辛，性溫。能溫中、行氣、散瘀，治食積腹脹、消渴、跌打。(2) 種子味辛、甘，性溫。能補肝腎、暖腰膝、固精，治陽萎、夢遺、腰膝酸軟。

天門冬

百合科 (Liliaceae)

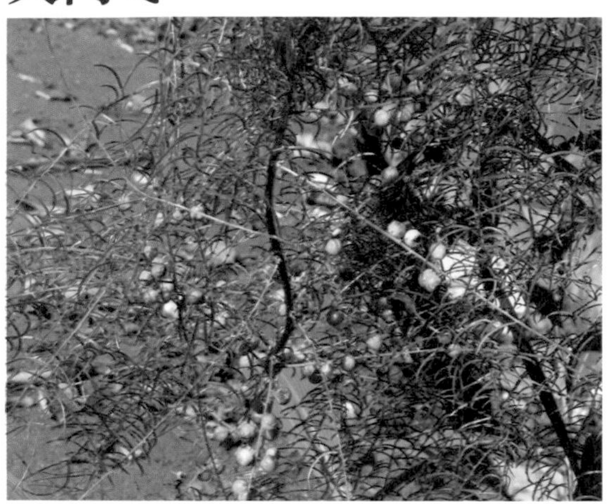

Asparagus cochinchinensis (Lour.) Merr.

別名 天冬、地門冬、顛勒、萬歲藤。

藥用 塊根（藥材稱天門冬）味甘、苦，性寒。能養陰生津、潤肺清心、滋陰潤燥、清肺降火，治陰虛發熱、咳嗽吐血、肺癰、喉嚨腫痛等。

蘆　筍

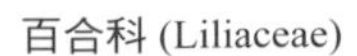

百合科 (Liliaceae)

Asparagus officinalis L. var. *altilis* L.

別名 石刁柏、門冬薯、筍草、龍鬚菜。

藥用 根味苦、甘，性微溫。能潤肺、鎮咳、祛痰、殺蟲，治肺熱疳積；外用治皮膚疥癬及寄生蟲病。

掛　蘭

百合科 (Liliaceae)

Chlorophytum comosum (Thunb.) Baker

別名 吊蘭、七絃草、折鶴蘭、垂盆草。

藥用 全草味甘、苦，性平。能止咳化痰、消腫解毒、活血接骨，治咳嗽痰喘、癰腫、痔瘡、骨折、燒燙傷、腦震盪、聲音嘶啞。

朱　蕉

百合科 (Liliaceae)

Cordyline fruticosa (L.) A. Cheval.

別名 觀音竹、紅竹仔、紅（竹）葉、宋竹。

藥用 (1) 葉味淡，性平。能清熱、涼血、止血、散瘀、止痛，治咳嗽、流鼻血特效。(2) 花能止血、祛痰，治痰水、痔瘡出血。

黃花萱草

百合科 (Liliaceae)

Hemerocallis fulva (L.) L.

別名 忘憂草、金針、鹿葱、療愁。

藥用 根及根莖味甘，性涼。能清熱利尿、涼血止血、解熱，治水腫、小便不利、淋濁、帶下、黃疸、衄血、便血、崩漏、乳癰。

臺灣百合

百合科 (Liliaceae)

Lilium formosanum Wall.

別名 通江百合、高砂百合、(野) 百合。

藥用 鱗莖味甘，性微寒。能養陰止渴、潤肺止咳、清心安神，治肺熱咳嗽、癆嗽久咳、痰中帶血、熱病餘熱未清、失眠多夢、虛煩驚悸。

鐵砲百合

百合科 (Liliaceae)

Lilium longiflorum Thunb. var. *scabrum* Masamune

別名 原葉百合、百合花、古吹花。

藥用 鱗莖味甘，性微寒。能養陰止渴、潤肺止咳、清心安神，治肺熱咳嗽、癆嗽久咳、痰中帶血、熱病餘熱未清、失眠多夢、虛煩驚悸。

闊葉麥門冬

百合科 (Liliaceae)

Liriope platyphylla Wang & Tang

別名 大葉麥門冬、大麥冬、濶葉土麥冬。

藥用 塊根味甘、微苦，性微寒。能養陰生津，治陰虛肺燥、咳嗽痰黏、胃陰不足、口燥咽乾、腸燥便秘等。

虎尾蘭

百合科 (Liliaceae)

Sansevieria trifosciata Prain

別名 老虎尾、千歲蘭。

藥用 葉味甘、苦，性寒，有小毒。能清熱解毒、去腐生肌，治感冒咳嗽、支氣管炎、肝脾腫大、癰瘡、蛇傷、跌打損傷等。

臺灣油點草

百合科 (Liliaceae)

Tricyrtis formosana Baker

別名 石溪蕉、溪蕉、竹葉草、黑點草。

藥用 全草味苦、辛，性平。能清熱利尿、疏肝潤肺、解毒消腫，治感冒發熱、熱咳、喉痛、肺炎、膀胱炎、小便不利、尿毒、風癢。

山油點草

百合科 (Liliaceae)

Tricyrtis stolonifera Matsumura

別名 紫花油點草、竹葉草。

藥用 全草有活血、消腫、安神、除煩之效。

番仔林投

龍舌蘭科 (Agavaceae)

Dracaena angustifolia Roxb.

別名 長花龍血樹、檳榔青、狹葉龍血樹。

藥用 鮮葉外敷跌打、癰瘡腫毒。蘭嶼雅美人將番仔林投的葉子作為羊的飼草。

文殊蘭

石蒜科 (Amaryllidaceae)

Crinum asiaticum L.

別名 文珠蘭、允水蕉、引水蕉。

藥用 鱗莖味辛，性涼，有小毒。能行血散瘀、消腫止痛，治咽喉腫痛、跌打損傷、癰瘑腫毒、蛇咬傷。（果實外用治扭筋腫痛）

火球花

石蒜科 (Amaryllidaceae)

Haemanthus multiflorus (Tratt.) Martyn *ex* Willd.

別名 虎耳蘭、紅繡球、繡球花、網球花。

藥用 葉及鱗莖味辛，性涼，有小毒。能解毒、消腫、散瘀，外用治無名腫毒、疔瘡癧毒等。

紫嬌花

石蒜科 (Amaryllidaceae)

Tulbaghia violacea Harvey

別名 紫瓣花、野蒜、非洲小百合。

藥用 本植物於南非洲為著名的抗黴菌藥。又近代藥理研究發現其可能具有抑制 angiotensin I-converting enzyme (ACE) 的活性，可使血管放鬆。

蔥蘭

石蒜科 (Amaryllidaceae)

Zephyranthes candida (Lindl.) Herb.

別名 （白）玉簾、肝風草、蔥蓮。

藥用 全草味甘，性平。能平肝熄風、散熱解毒，治小兒急驚風；外用治癰瘡、紅腫。

韭　蘭

石蒜科 (Amaryllidaceae)

Zephyranthes carinata (Spreng.) Herbert

別名 紅玉廉、旱水仙。

藥用 全草（或鱗莖）味苦，性寒。能散熱解毒、活血涼血，治吐血、血崩、跌打紅腫、毒蛇咬傷；外用搗敷乳癰、毒瘡。

薯　莨

薯蕷科 (Dioscoreaceae)

Dioscorea cirrhosa Lour.

別名 紅孩兒、硃砂蓮、紅薯莨、血葫蘆。

藥用 擔根體味苦、微酸、澀，性微寒。能止血、活血、補血、收斂、固澀，治咳嗽吐血、月經不調、產後出血不止、貧血、腹瀉、風濕關節痛。

恆春山藥

薯蕷科 (Dioscoreaceae)

Dioscorea doryphora Hance

別名 恆春薯蕷。

藥用 擔根體味甘，性平。能補脾健胃、益肺、澀精縮尿，治腎虛遺精、耳鳴、小便頻數、脾胃虧損、氣虛衰弱、肺虛喘咳等。

射　干

鳶尾科 (Iridaceae)

Belamcanda chinensis (L.) DC.

別名 開喉箭、扇子草、野萱花、交剪草。

藥用 根莖味苦，性寒。能清熱解毒、利咽喉、降氣祛痰、散血，治咽喉腫痛、咳逆、經閉、癰瘡等。

香　蕉

芭蕉科 (Musaceae)

Musa sapientum L.

別名 金蕉、甘蕉、芭蕉、香牙蕉。

藥用 (1) 根莖味甘、澀，性寒。能清熱、涼血、解毒。(2) 果實能清熱、潤腸，治熱病煩渴、便秘、痔血。(3) 果皮能美白去斑。(4) 花能降壓。

山月桃

薑科 (Zingiberaceae)

Alpinia intermedia Gagnep.

別名 小月桃、山月桃仔、光葉山薑。

藥用 根莖味辛，性溫。能健脾、暖胃，治脘腹氣脹、食積。

月　桃

薑科 (Zingiberaceae)

Alpinia zerumbet (Persoon) B. L. Burtt & R. M. Smith

別名 玉桃、艷山薑、草豆蔻、良薑。

藥用 種子(稱月桃子或本砂仁)味辛、澀，性溫。能燥濕祛寒、除痰截瘧、健脾暖胃，治心腹冷痛、胸腹脹滿、痰濕積滯、嘔吐腹瀉等。

閉鞘薑

薑科 (Zingiberaceae)

Costus speciosus (Koenig) Smith

別名 玉桃、絹毛鳶尾、水蕉花、廣商陸。

藥用 根莖味辛、酸，性微溫，有小毒。能利水、消腫、拔毒，治水腫、小便不利、膀胱濕熱淋濁、無名腫毒、麻疹不透、跌打扭傷。

薑　黃

薑科 (Zingiberaceae)

Curcuma longa L.

別名 黃薑、黃絲鬱金、鬱金。

藥用 根莖味苦、辛，性溫。能破血行氣、通經止痛，治血瘀氣滯諸症、胸腹脅痛、經痛、經閉、產後瘀滯腹痛、風濕痺痛、跌打、癰腫。

蓬莪朮

薑科 (Zingiberaceae)

Curcuma phaeocoulis Val.

別名 黑心薑、文朮、風薑、綠絲鬱金。

藥用 根莖味苦、辛，性溫。能行氣、開胃、消積、破血、散結、止痛，治心氣脹痛、肝區疼痛、癥瘕積聚、宿食不消、血瘀經閉、跌打損傷等。

野薑花

薑科 (Zingiberaceae)

Hedychium coronarium Koenig

別名 山柰、穗花山柰、蝴蝶花、蝴蝶薑。

藥用 (1) 根莖味辛，性溫。能消腫止痛，治風濕關節痛、筋肋痛、頭痛、身痛、咳嗽等。(2) 花陰乾泡茶，可治失眠。

山　奈

薑科 (Zingiberaceae)

Kaempferia galanga L.

別名 番鬱金、三賴、沙薑、土麝香。

藥用 根莖味辛，性溫。能行氣、溫中、消食、止痛，治胸膈脹滿、脘腹冷痛、寒濕吐瀉、跌打損傷、蛀蟲牙痛等，用量 3 ～ 10 公克。

球　薑

薑科 (Zingiberaceae)

Zingiber zerumbet (L.) Rosloe *ex* Smith.

別名 薑花、紅球薑、鳳薑。

藥用 根莖味辛，性溫。能祛瘀消腫、解毒止痛，治脘腹脹痛、消化不良、泄瀉、跌打腫痛。

黃花美人蕉

美人蕉科 (Cannaceae)

Canna flaccida Salib.

別名 黃花曇華。

藥用 塊莖味甘、淡，性涼。能止痛、消腫、止痢，治無名腫毒、肝炎、黃疸、跌打損傷、淋巴腫瘤等。

美人蕉

美人蕉科 (Cannaceae)

Canna indica L.

別名 紅花蕉、假蕉、水蕉、食用美人蕉。

藥用 塊莖（稱蓮蕉頭）味甘、淡，性涼。能清熱、解毒、調經、利水，治月經不調、帶下、黃疸、痢疾、瘡瘍腫毒等。

蘭嶼竹芋

竹芋科 (Marantaceae)

Donax canniformis (Forst. f.) Rolfe

別名 戈燕。

藥用 莖及塊根味淡，性涼。能清熱解毒、止咳定喘、消炎殺菌，治肺結核、支氣管炎、哮喘、高熱、小兒麻疹合併肺炎、感冒發熱、各種皮膚病等。

金線蓮

蘭科 (Orchidaceae)

Anoectochilus formosanus Hayata

別名 金線連、金線蘭、金錢仔草。

藥用 全草味甘，性平。能涼血平肝、清熱解毒，治肺癆咯血、糖尿病、支氣管炎、腎炎、膀胱炎、小兒驚風、毒蛇咬傷等。

魚腥草

三白草科 (Saururaceae)

Houttuynia cordata Thunb.

別名 蕺菜、臭瘥草、狗貼耳。

藥用 全草味辛、酸，性微寒。能清熱解毒、消癰排膿、利尿通淋，治肺癰、肺熱咳嗽、小便淋痛、水腫、狹心症；藥渣敷臉，能潤膚美白。

三白草

三白草科 (Saururaceae)

Saururus chinensis (Lour.) Baill.

別名 水檳榔、水荖仔、三白根。

藥用 全草味辛、甘，性寒。能清熱解毒、利尿消腫，治小便淋痛、石淋、水腫、帶下等；外用治瘡癰、皮膚濕疹、毒蛇咬傷。

紅莖椒草

胡椒科 (Piperaceae)

Peperomia sui T. T. Lin & S. Y. Lu

別名 猴藥仔、猴藥草。

藥用 全草能抗癌。（本圖攝於台中市谷關風景區）

風　藤

胡椒科 (Piperaceae)

Piper kadsura (Choisy) Ohwi

別名 細葉青蔞藤、大風藤、海風藤、爬岩香。

藥用 藤莖味辛、苦，性微溫。能祛風濕、通經絡、理氣，治風濕疼痛、跌打損傷等。

黑胡椒

胡椒科 (Piperaceae)

Piper nigrum L.

別名 胡椒、浮椒、玉椒。

藥用 果實味辛，性熱。能溫中散寒、理氣止痛、止瀉開胃，治胃腹冷痛、風寒泄瀉、食慾不振、吐嘔泄瀉、中魚蟹毒等。

假　蒟

胡椒科 (Piperaceae)

Piper sarmentosum Roxb.

別名 假蔞、蛤蔞、蛤蒟、豬撥菜。

藥用 全草味辛，性溫。能溫中散寒、祛風利濕、消腫止痛，治骨腹寒痛、風寒咳嗽、水腫、瘧疾、牙痛、風濕骨痛、跌打損傷等。

青剛櫟

殼斗科 (Fagaceae)

Cyclobalanopsis glauca (Thunb. *ex* Murray) Oerst.

別名 （白）校欑、九欑、青岡櫟。

藥用 果實味苦、澀，性平。能止渴、破惡血，治瀉痢、產後出血。

榔　榆

榆科 (Orchidaceae)

Ulmus parvifolia Jacq.

別名 紅雞油、紅雞榆、小葉榆。

藥用 (1) 根或樹皮（稱榔榆皮）味甘，性寒。能利水、消腫，治乳癰。(2) 嫩葉可搗敷腫毒。

波羅蜜

桑科 (Moraceae)

Artocarpus heterophyllus Lam.

別名 天波羅、婆那娑、優珠曇。

藥用 全株味甘、酸，性平。(1) 果實能解煩止渴、醒酒益氣。(2) 種子能補中氣、通乳。(3) 根能解熱、止痢，為常用收斂劑之一。

麵包樹

桑科 (Moraceae)

Artocarpus incisus (Thunb.) L. f.

別名 羅蜜樹、麵磅樹、巴刀蘭。

藥用 (1) 果實味甘、淡，性平。能滋補。(2) 粗莖及根（藥材稱巴刀蘭）能解毒、降血糖，治糖尿病。(3) 葉可燒灰治疱疹、脾腫。

構　樹

桑科 (Moraceae)

Broussonetia papyrifera (L.) L'Hérit. *ex* Vent.

別名 楮、鹿仔樹、穀樹。

藥用 果實味甘，性寒。能清肝、明目、利尿、補腎、強筋骨、健脾，治腰膝酸軟、虛勞骨蒸、頭暈目昏、目翳、水腫脹滿。

牛乳榕

桑科 (Moraceae)

Ficus erecta Thunb. var. *beecheyana* (Hook. & Arn.) King

別名 大本牛乳埔、牛乳房、牛奶埔。

藥用 (1) 根及莖味甘、淡，性溫。能補中益氣、健脾化濕、強筋健骨，治風濕、跌打、糖尿病。(2) 果實能緩下、潤腸，治痔瘡。

水同木

桑科 (Moraceae)

Ficus fistulosa Reinw. *ex* Blume

別名 豬母乳、光葉榕、空心榕、牛乳樹。

藥用 根味甘，性平。能清熱利濕、活血止痛，治濕熱、小便不利、腹瀉、跌打腫痛。

臺灣天仙果

桑科 (Moraceae)

Ficus formosana Maxim.

別名 細本牛乳埔、羊乳埔、羊奶樹。

藥用 根及粗莖味甘、微澀，性平。能柔肝和脾、清熱利濕、補腎陽，治肝炎、腰肌扭傷、水腫、小便淋痛、陽萎。

薜　荔

桑科 (Moraceae)

Ficus pumila L.

別名 木蓮、涼粉果、木饅頭、風不動。

藥用 (1) 花序托味甘，性平。能補腎、活血、催乳，治遺精、乳汁不下、淋濁。(2) 不育幼枝味苦，性平。能祛風通絡、活血止痛，治風濕、跌打、癰腫。

稜果榕

桑科 (Moraceae)

Ficus septica Burm. f.

別名 大冇榕、豬母乳、豬母乳舅。

藥用 樹皮味苦，性寒。可治魚毒及食物中毒、毒魚咬傷、癌症等。

雀　榕

桑科 (Moraceae)

Ficus superba (Miq.) Miq. var. *japonica* Miq.

別名 山榕、赤榕、鳥屎榕、鳥榕。

藥用 樹皮味苦，性寒。能解熱、行氣、除濕、消疹，治濕疹、漆瘡、小兒鵝口瘡（由白色念珠菌所引起的口腔黏膜炎症）、潰瘍。

濱　榕

桑科 (Moraceae)

Ficus tannoensis Hayata

別名 變葉薜荔、狹葉蔓榕。

藥用 與臺灣天仙果相似。根及粗莖味甘、微澀，性平。能柔肝和脾、清熱利濕、補腎陽，治肝炎、腰肌扭傷、水腫、小便淋痛、陽萎。

啤酒花

桑科 (Moraceae)

Humulus lupulus L.

別名 （香）蛇麻、酵母花、野酒花、忽布。

藥用 未成熟帶花果穗味苦，性微涼。能健胃消食、利尿安神、抗癆消炎，治消化不良、腹脹、浮腫、膀胱炎、肺結核、咳嗽、失眠、麻瘋病。

葎　草

桑科 (Moraceae)

Humulus scandens (Lour.) Merr.

別名　山苦瓜、野苦瓜、玄乃草、烏仔蔓。

藥用　(1) 全草味甘、苦，性寒。能清熱解毒、利尿消腫，治小便淋痛、瘧疾、泄瀉、痔瘡、風熱咳喘。(2) 葉能解熱、鎮靜、健胃、消炎、利尿，治蛇傷。

黃金桂

桑科 (Moraceae)

Maclura cochinchinensis (Lour.) Corner

別名　蕒芝、九重皮、穿破石、白刺格仔。

藥用　根味微苦，性涼。能清熱、祛風、利濕、活血、通經，治風濕關節痛、勞傷咳血、跌打損傷、肝炎等。

小葉桑

桑科 (Moraceae)

Morus australis Poir.

別名　雞桑、桑仔樹、梁仔樹、野桑。

藥用　(1) 葉味苦、甘，性寒。能疏風、清熱，治風熱感冒、肺熱燥咳。(2) 桑枝利關節。(3) 根皮（除去栓皮）治水腫。(4) 果實能補肝益腎。

長果桑

桑科 (Moraceae)

Morus macroura Mig.

別名　紫金蜜桑、奶桑、光葉桑。

藥用　葉、根或根皮味辛、甘，性寒。(1) 葉能清熱解毒，治感冒咳嗽。(2) 根或根皮能瀉肺熱、利尿，治肺熱咳嗽、水腫。

苧　麻

蕁麻科 (Urticaceae)

Boehmeria nivea (L.) Gaudich.

別名　天青地白、家苧麻、真麻、苧仔。

藥用　根味甘，性寒。能清熱利尿、止血安胎、解毒散瘀，治熱病大渴、血淋、跌打、蛇蟲咬傷、帶下、癰腫、丹毒。

蠍子草

蕁麻科 (Urticaceae)

Girardinia diversifolia (Link) Friis

別名　臺灣蠍子草、大草麻、蕁麻、(大)錢麻。

藥用　全草能消炎、拔膿生肌，外敷毒蛇咬傷、癰瘡腫毒等。

糯米團

蕁麻科 (Urticaceae)

Gonostegia hirta (Bl.) Miq.

別名　蔓苧麻、小黏藥、紅石薯、奶葉藤。

藥用　(1) 全草味淡、微苦，性涼。能健胃消食、清熱解毒、消腫利濕，治心臟無力、胃腸炎；外敷乳腺炎。(2) 根治消化不良、食積胃痛、白帶；外敷治癰癤。

長梗盤花麻

蕁麻科 (Urticaceae)

Lecanthus peduncularis (Wall. *ex* Royle) Wedd.

別名　假樓梯草、頭花蕁麻、水莧菜。

藥用　全草能消炎、拔膿生肌，治爛瘡、傷口不癒。其嫩莖葉被達魯克部落用來包水餃，名為「長梗盤花麻水餃」。

短角冷水麻

蕁麻科 (Urticaceae)

Pilea aquarum Dunn subsp. *brevicornuta* (Hayata) C. J. Chen

別名 短角冷水花、短角濕生冷水花。

藥用 全草味苦，性寒。能解毒、止痛，治瘡癤腫痛。內服煎湯，6 ～ 12 公克。

小葉冷水麻

蕁麻科 (Urticaceae)

Pilea microphylla (L.) Liebm.

別名 透明草、紅豬母乳、小還魂。

藥用 全草味淡、澀，性涼。能清熱解毒、袪火降壓、生髮，治癰瘡腫癤、血熱諸症、鼻炎、肝炎、無名腫毒、跌打損傷；外用治燒燙傷。

齒葉矮冷水麻

蕁麻科 (Urticaceae)

Pilea peploides (Gaud.) Hook. & Arn. var. *major* Wedd.

別名 矮冷水花、虎牙草、透明草、圓葉豆瓣草。

藥用 全草能清熱解毒、化痰止咳、袪風除濕，治咳嗽、哮喘、風濕痺痛、水腫、跌打損傷、骨折、外傷出血、癰癤腫毒、皮膚搔癢、毒蛇咬傷。

咬人貓

蕁麻科 (Urticaceae)

Urtica thunbergiana Sieb. & Zucc.

別名 刺草、蕁麻、咬人蕁麻。

藥用 全草味淡、微苦，性涼。可治蛇咬傷、風疹等。

異葉馬兜鈴

馬兜鈴科 (Aristolochiaceae)

Aristolochia heterophylla Hemsl.

別名 臺灣馬兜鈴、天仙藤、青木香、黃藤。

藥用 根味苦、辛，性寒。能祛風止痛、利濕消腫，治淋痛、水腫、風濕疼痛、疔瘡癰腫、胃痛、肝炎、蛇傷、熱瀉赤痢、筋骨酸痛、疝氣。

港口馬兜鈴

馬兜鈴科 (Aristolochiaceae)

Aristolochia zollingeriana Miq.

別名 卵葉馬兜鈴、耳葉馬兜鈴。

藥用 全株味苦、辛，性寒。能祛風止痛、化痰止咳、利濕消腫、平喘、解毒，治淋痛、水腫、風濕疼痛、疔瘡癰腫、腹痛、肝炎、蛇傷、筋骨痛、高血壓。

竹節蓼

蓼科 (Polygonaceae)

Muehlenbeckia platyclada (F. V. Muell.) Meisn.

別名 蜈蚣草、扁竹、扁節蓼、百足草。

藥用 全草味甘、淡，性微寒。能清熱解毒、散瘀行血、消腫生新、止癢，治癰瘡腫痛、跌打損傷、蛇蟲咬傷等。

毛　蓼

蓼科 (Polygonaceae)

Polygonum barbatum L.

別名 水辣椒。

藥用 全草味辛，性溫。能拔毒生肌、通淋、清熱解毒、活血、透疹，治外感發熱、乳蛾、痢疾、癰腫、瘡瘍潰破不斂、蛇蟲咬傷、跌打、風濕、麻疹不透。

火炭母草

蓼科 (Polygonaceae)

Polygonum chinense L.

別名 冷飯藤、秤飯藤、斑鳩飯。

藥用 根味酸、甘，性平。能益氣、行血、行氣、祛風、解熱，治氣虛頭昏、耳鳴、白帶、跌打、小兒發育不良等。

早苗蓼

蓼科 (Polygonaceae)

Polygonum lapathifolium L.

別名 酸模葉蓼、苦杜。

藥用 全草味辛、甘，性微溫。能清熱解毒、利濕止癢、活血，治瘡瘍腫痛、腹瀉、濕疹、疳積、風濕痺痛、跌打、月經不調、瘰癧、腫瘍；外敷腫毒。

何首烏

蓼科 (Polygonaceae)

Polygonum multiflorum Thunb. *ex* Murray

別名 首烏、赤首烏、夜交藤、多花蓼。

藥用 根、莖葉味苦、甘、澀，性溫。能補肝腎、益精血、烏鬚髮、潤腸、養心安神，治血虛體弱、腰膝酸痛、鬚髮早白、膽固醇過高、失眠。

紅雞屎藤

蓼科 (Polygonaceae)

Polygonum multiflorum Thunb. *ex* Murray var. *hypoleucum* (Ohwi) Liu, Ying & Lai

別名 紅骨蛇、臺灣何首烏、五德藤。

藥用 全草味辛、酸，性溫，有小毒。(1) 根及藤莖能鎮咳、祛風、祛痰，治感冒咳嗽、風濕、糖尿病。(2) 葉治感冒；外敷刀傷。

扛板歸

蓼科 (Polygonaceae)

Polygonum perfoliatum L.

別名 三角鹽酸、犁壁刺、刺犁頭、穿葉蓼。

藥用 全草味酸，性平。能清熱解毒、利水消腫、止咳止痢，治上呼吸道感染、扁桃腺炎、腎炎水腫、高血壓、黃疸、濕疹、疥癬。

戟葉蓼

蓼科 (Polygonaceae)

Polygonum thunbergii Sieb. & Zucc.

別名 水犁壁（草）、苦蕎麥、鹿蹄草。

藥用 全草味辛，性平。新鮮全草搗漿，水沖服，可療痧症。

馬氏濱藜

藜科 (Chenopodiaceae)

Atriplex maximowicziana Makino

別名 海芙蓉、白芙蓉。

藥用 全草味淡，性涼。能利濕、消腫，治水腫、跌撲損傷、風濕關節炎、神經痛、中風麻痺、無名腫毒。

臭　杏

藜科 (Chenopodiaceae)

Chenopodium ambrosioides L.

別名 臭川芎、土荊芥、蛇藥草。

藥用 全草味辛、苦，性溫，有小毒。能祛風除濕、殺蟲止癢、活血消腫，治頭痛、頭風、濕疹、疥癬、風濕痺痛、經閉、經痛、喉痛、跌打。

紅藜

藜科 (Chenopodiaceae)

Chenopodium formosanum Koidz.

別名 藜、赤藜、紫藜、食用藜。

藥用 (1)果實含澱粉、蛋白質、胺基酸、脂肪酸、膳食纖維及礦物元素，還含有甜菜色素、多酚類與黃酮類等抗氧化成分。(2)幼苗為營養成分高的蔬菜。

菠薐

藜科 (Chenopodiaceae)

Spinacia oleracea L.

別名 菠菜、波斯菜、菠薐菜。

藥用 (1)全草味甘，性涼。能滋陰、平肝、止咳、潤腸，治頭痛、目眩、風火赤眼、消渴、便秘。(2)果實能利胃腸、養血、潤燥，治壞血病、便秘。

裸花鹼蓬

藜科 (Chenopodiaceae)

Suaeda maritima (L.) Dum.

別名 鹽定、鹽蒿子、鹽蓬、鹹蓬。

藥用 全草能清熱、平肝、降壓，治高血壓、頭暈、頭痛等。

綠莧草

莧科 (Amaranthaceae)

Alternanthera paronychioides St. Hil.

別名 (綠葉)腰仔草、腎草、法國莧、豆瓣草。

藥用 全草味甘、淡，性涼。能活血化瘀、消腫止痛、清熱解毒，治風濕、高尿酸、手足麻木、十二指腸潰瘍、尿毒症、腎炎、高血壓、膽固醇過高、糖尿病。

凹頭莧

莧科 (Amaranthaceae)

Amaranthus lividus L.

別名 凹葉野莧菜。

藥用 全草味微辛，性平。治痢疾、目赤、乳癰、痔瘡等；外用治蜂螫痛等症。

刺　莧

莧科 (Amaranthaceae)

Amaranthus spinosus L.

別名 假莧菜、白刺莧、白刺杏。

藥用 全草味甘，性寒。能清熱利濕、解毒消腫、涼血止血，治胃出血、膽囊炎、濕熱泄瀉、浮腫、帶下、膽結石、喉痛、小便澀痛、牙齦糜爛。

野莧菜

莧科 (Amaranthaceae)

Amaranthus viridis L.

別名 山杏菜、鳥莧、綠莧。

藥用 全草味甘、淡，性涼。能清熱、解毒、利濕，治痔瘡腫痛、尿濁、經痛、痢疾、小便赤澀、蛇蟲咬傷、牙疳等。

青　葙

莧科 (Amaranthaceae)

Celosia argentea L.

別名 野雞冠、白雞冠花、狗尾莧。

藥用 種子味苦，性涼。能清肝、明目、退翳，治肝熱目赤、眼生翳膜、視物昏花、肝火眩暈、疥癩等。（花序治月經不調、帶下）

千日紅

莧科 (Amaranthaceae)

Gomphrena globosa L.

別名 圓仔花、百日紅、球形雞冠花。

藥用 全草味甘，性平。能清肝明目、平喘止咳、涼血止痙，治支氣管炎、哮喘、頭暈、眼痛、痢疾、頭風、頓咳、小兒驚風、瘰癧、瘡瘍。

紅葉莧

莧科 (Amaranthaceae)

Iresine herbstii Hook. f.

別名 紅莧草、酒丹參、圓葉洋莧、洋莧。

藥用 全草味微苦，性涼。能清熱止咳、調經止血，治吐血、衄血、咳血、便血、崩漏、外傷出血、痢疾、泄瀉、濕熱帶下、經痛、癰腫等。

九重葛

紫茉莉科 (Nyctaginaceae)

Bougainvillea spectabilis Willd.

別名 南美紫茉莉、刺仔花、葉似花。

藥用 花味苦、澀，性溫。能調和氣血，治月經不調。（藤莖可治肝炎）

美商陸

商陸科 (Phytolaccaceae)

Phytolacca americana L.

別名 洋商陸、野胭脂、美國商陸。

藥用 根、葉及種子味微甘、苦，性寒，有毒。(1) 根能催吐、利尿，治風濕、水腫。(2) 種子能利尿。(3) 葉能解熱，治腳氣。

海馬齒

番杏科 (Aizoaceae)

Sesuvium portulacastrum (L.) L.

別名 濱馬齒莧。

藥用 全草味甘、微辛，性平。能清熱解毒、散瘀消腫。

番　杏

番杏科 (Aizoaceae)

Tetragonia tetragonoides (Pall.) Kuntze

別名 毛菠菜、法國菠菜、洋波菜。

藥用 全草味甘、微辛，性平。能清熱解毒、祛風消腫，治腸炎泄瀉、敗血症、疔瘡紅腫、風熱目赤、胃癌、食道癌、子宮頸癌等。

假海馬齒

番杏科 (Aizoaceae)

Trianthemum portulacastrum L.

別名 假濱馬齒莧。

藥用 全草能消腫、散瘀，外敷跌打瘀腫。

馬齒莧

馬齒莧科 (Portulacaceae)

Portulaca oleracea L.

別名 五行草、豬母菜、長命菜、豬母乳。

藥用 全草味酸，性寒。能清熱解毒、散瘀消腫、涼血止血、除濕通淋，治熱痢膿血、血淋、癰腫、丹毒、燙傷、帶下、糖尿病。

禾雀舌

馬齒莧科 (Portulacaceae)

Portulaca pilosa L.

別名 毛馬齒莧。

藥用 全草味甘，性微寒。能清熱、解毒、利濕，治熱痢、腫毒、瘡癤等；外用搗敷腫毒、刀傷、燒燙傷。

假人參

馬齒莧科 (Portulacaceae)

Talinum paniculatum (Jacq.) Gaertn.

別名 土人參、參仔菜、錐花土人參。

藥用 全草味甘，性平。能利尿消腫、潤肺止咳、調經、健脾，治腹瀉、黃疸、內痔、乳汁不足、小兒疳積、脾虛勞倦、肺癆咳血。

稜軸土人參

馬齒莧科 (Portulacaceae)

Talinum triangulare (Jacq.) Willd.

別名 巴參菜、稜軸假人參。

藥用 全草或葉味甘，性涼。能清熱利濕、解毒消腫，治肝炎、黃疸、慢性鼻炎、腎炎水腫、濕熱型皮膚病、濕熱泄瀉、燒燙傷等。

藤三七

落葵科 (Basellaceae)

Anredera cordifolia (Tenore) van Steenis

別名 洋落葵、雲南白藥、落葵薯、黏藤。

藥用 珠芽（或葉）味甘、淡，性涼。能滋補、壯腰膝、消腫散瘀，治跌打損傷、糖尿病、肝炎、胃潰瘍等。

落　葵

落葵科 (Basellaceae)

Basella alba L.

別名 木耳菜、藤葵、胭脂菜、軟筋菜。

藥用 莖葉味甘、淡，性涼。能清熱、解毒、滑腸，治闌尾炎、痢疾、便秘、便血、膀胱炎、小便短澀、關節腫痛、皮膚濕疹等。

菁芳草

石竹科 (Caryophyllaceae)

Drymaria diandra Blume

別名 荷蓮豆草、乳豆草、野豌豆草。

藥用 全草味苦、微酸，性涼。能清熱解毒、利尿、活血、退翳、通便，治肝炎、腹水、胃痛、便秘、瘡癤、癰腫、風濕腳氣。

雞腸草

石竹科 (Caryophyllaceae)

Stellaria aquatica (L.) Scop.

別名 鵝兒腸、牛繁縷、茶匙癀、雞腸菜。

藥用 全草味酸、甘、淡，性平。能解毒、消炎、祛瘀、舒筋，治頭痛、牙痛、高血壓、月經不調、痔瘡等。

日本萍蓬草

睡蓮科 (Nymphaeaceae)

Nuphar japonicum DC.

別名 萍蓬草、川骨、河骨。

藥用 地下莖能滋養、強壯、補虛、健胃、止血、調經、活血，治病後體虛、消化不良、神經衰弱、膀胱炎、腎盂炎、乳房腫痛、月經不調、產褥出血。

臺灣萍蓬草

睡蓮科 (Nymphaeaceae)

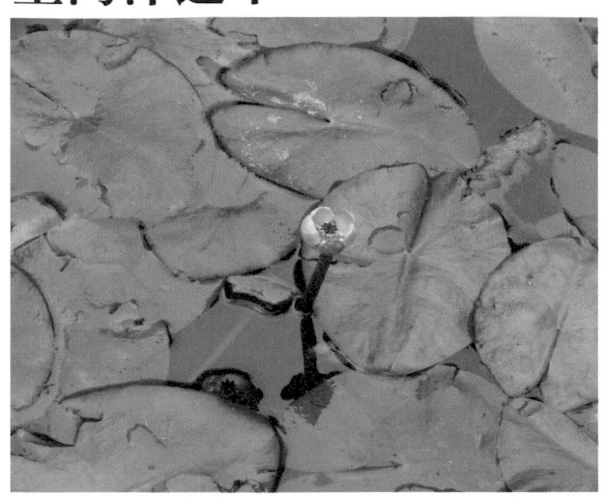

Nuphar shimadae Hayata

別名 水蓮花。

藥用 地下莖能滋養、強壯、補虛、健胃、止血、調經、活血，治病後體虛、消化不良、神經衰弱、膀胱炎、乳房腫痛、月經不調、產褥出血。

串鼻龍

毛茛科 (Portulacaceae)

Clematis gouriana Roxb. *ex* DC. subsp. *lishanensis* Yang & Huang

別名 梨山小蓑衣藤。

藥用 藤莖味微苦，性溫。能行氣活血、祛風除濕、止痛，治跌打損傷、瘀滯疼痛、風濕骨痛等。

銹毛鐵線蓮

毛茛科 (Ranunculaceae)

Clematis leschenaultiana DC.

別名 細葉女萎、絨葉女萎、毛木通。

藥用 (1) 帶莖根部味辛、微苦，性溫。能祛風除濕、消炎止痛，治風濕骨痛、毒蛇咬傷、目赤腫痛、小便淋痛。(2) 葉可治瘡毒、角膜炎。

臺灣木通

木通科 (Lardizabalaceae)

Akebia longeracemosa Matsum.

別名 烏入石、長序木通、臺灣野木瓜。

藥用 藤莖味微苦，性平。能祛風除濕、解毒、活血，治風濕疼痛、跌打、瘡毒。

狹葉十大功勞

小蘗科 (Berberidaceae)

Mahonia fortunei Fedde

別名 福氏十大功勞、細葉十大功勞。

藥用 全株味微苦，性寒。能清熱解毒、抗菌止痢，治肺熱咳嗽、痢疾、泄瀉、黃疸、關節痛、目赤、濕疹、瘡毒、燒燙傷等。

十大功勞

小蘗科 (Berberidaceae)

Mahonia japonica (Thunb. *ex* Murray) DC.

別名 老鼠刺、山黃柏、刺黃柏、角刺茶。

藥用 全株味苦，性寒。能清熱瀉火、消腫解毒，治泄瀉、黃疸、肺癆、潮熱、目赤、帶下、風濕關節痛、癰瘡等。

阿里山十大功勞

小蘗科 (Berberidaceae)

Mahonia oiwakensis Hayata

別名 玉山十大功勞、玉山蘗木。

藥用 全株味苦，性寒。能清熱、解毒、抗菌，治感冒、支氣管炎、喉痛、牙痛、急性胃腸炎、痢疾、傳染性肝炎、風濕疼痛。

南天竹

小蘗科 (Berberidaceae)

Nandina domestica Thunb.

別名 天竹、闌天竹。

藥用 (1) 全株味苦，性寒。能清熱解毒、活血涼血、祛風止痛，治目赤、消化不良、小便淋痛、感冒發燒、風濕痛。(2) 果實能止咳、平喘。

木防己

防己科 (Menispermaceae)

Cocculus orbiculatus (L.) DC.

別名 土木香、防己、青藤、(鐵)牛入石。

藥用 根及粗莖味苦、辛，性寒。能祛風止痛、消腫解毒，治中暑、腹痛、水腫、風濕關節痛、神經痛、喉痛、癰腫瘡毒、毒蛇咬傷、跌打損傷。

千金藤

防己科 (Menispermaceae)

Stephania japonica (Thunb. *ex* Murray) Miers

別名 犁壁藤、金線吊烏龜、倒吊癀、蓮葉葛。

藥用 根或莖葉味苦、辛，性寒。能清熱解毒、祛風止痛、利水消腫，治喉痛、牙痛、胃痛、淋痛、腳氣水腫、瘧疾、風濕、瘡癤癰腫、痢疾、跌打。

毛千金藤

防己科 (Menispermaceae)

Stephania japonica (Thunb. *ex* Murray) Miers var. *hispidula* Yamamoto

別名 烏藤仔、九股藤、(臺灣)土防己。

藥用 根及粗莖味苦、辛，性寒。能行水除濕、消腫止痛、退肝火，治風濕關節痛、手足攣痛、濕熱腳氣。(藤橫切面看似數條小繩絞在一起而成的大繩，故名「九股藤」)

南五味

木蘭科 (Magnoliaceae)

Kadsura japonica (L.) Dunal

別名 紅骨蛇、內風消、內骨消。

藥用 果實味苦、辛，性溫。能收斂、鎮咳，治風寒咳嗽、頭痛、頭風、手足拘攣麻木、肺癰、胃熱、腹痛、上吐下瀉、諸腫毒、高血壓、糖尿病。

含笑花

木蘭科 (Magnoliaceae)

Michelia fuscata (Andrews.) Blume

別名 含笑、含笑梅。

藥用 木材味辛、苦，性平。能消炎，水浸液對金黃色葡萄球菌有抗生性，所含成分以生物鹼為主。

番荔枝

番荔枝科 (Annonaceae)

Annona squamosa L.

別名 釋迦、香朵、釋迦果。

藥用 (1) 根味苦，性寒。能清熱解毒、解鬱、止血，治痢疾、精神抑鬱。(2) 葉味苦、澀，性涼。能收斂、解毒，治小兒脱肛、惡瘡腫毒。

蟠纏藤

樟科 (Lauraceae)

Cassytha filiformis L.

別名 無根草、無根藤、羅網藤、無頭藤。

藥用 全草味甘、苦，性寒，有小毒。能清熱利濕、涼血止血，治感冒發熱、肺熱咳嗽、肝炎、黃疸、痢疾、咯血、尿血、水腫、石淋、濕疹、癤腫。

樟

樟科 (Lauraceae)

Cinnamomum camphora (L.) Presl

別名 香樟、烏樟、油樟、樟腦樹。

藥用 根、幹、枝及葉味辛，性溫。能通竅、殺蟲、止痛、止癢，提製樟腦，治心腹脹痛、牙痛、跌打、疥癬等。

土肉桂

樟科 (Lauraceae)

Cinnamomum osmophloeum Kaneh.

別名 臺灣土玉桂、肉桂、假肉桂。

藥用 根、樹皮、枝葉味辛，性溫。能祛寒鎮痛，治腹痛、風濕疼痛、創傷出血等。

香葉樹

樟科 (Lauraceae)

Lindera communis Hemsl.

別名 硬桂、大葉子樹、千斤樹、楠木。

藥用 根、葉味微苦，性溫。能散瘀消腫、止血止痛、解毒，治跌打損傷、骨折、外傷出血、瘡癤癰腫等。

紅　楠

樟科 (Lauraceae)

Machilus thunbergii Sieb & Zucc.

別名 豬腳楠、臭屎楠、烏楠、鼻涕楠。

藥用 根味辛，性溫。能舒筋活血、消腫止痛，治扭挫傷、吐瀉等。

五掌楠

樟科 (Lauraceae)

Neolitsea konishii (Hayata) Kanehira & Sasaki

別名 竹葉楠、五掌葉新木薑子、五葉楠。

藥用 從本植物所分離的活性成分 thaliporphine，具有使大白鼠之離體主動脈環收縮的作用。此成分並能選擇性的抑制誘導型的一氧化氮合成酶(iNOS)。

酪　梨

樟科 (Lauraceae)

Persea americana Mill.

別名　鱷梨、黃油梨、梓梨。

藥用　(1) 果實味甘、澀，性平。能止渴、降壓，治糖尿病、高血壓。(2) 樹皮及葉治胃病、胸悶、月經不調。(3) 種子治痢疾。

蓮葉桐

蓮葉桐科 (Hernandiaceae)

Hernandia nymphaeifolia (Presl) Kubitzki

別名　臘樹、濱桐。

藥用　全株味澀，性平。能抗癌，治神經系統及心血管疾病。

魚　木

白花菜科 (Capparidaceae)

Crateva adansonii DC. subsp. *formosensis* Jacobs

別名　三腳鱉、臺灣魚木、山橄欖。

藥用　根及莖味苦、辛，性涼，有毒。能散瘀消腫、祛腐生肌、祛風除濕、健脾胃、止痛、抗癌，治痢疾、胃病、風濕、月內風。

大　芥

十字花科 (Cruciferae)

Brassica juncea (L.) Czerm & Coss.

別名　芥菜、芥子、大菜、刈菜、長年菜。

藥用　嫩莖、葉、種子味辛，性溫。(1) 嫩莖、葉能宣肺祛痰、溫中利氣，治咳嗽痰滯。(2) 種子能溫中散寒、利氣祛痰、通絡止痛、消腫解毒。

芥藍菜

十字花科 (Cruciferae)

Brassica oleracea L. var. *acephala* DC.

別名　捲葉菜、綠葉甘藍、佛光菜、隔暝仔菜。

藥用　莖及葉味甘，性平。能清熱、利濕、散結、抗菌、止痛，治濕熱黃疸、消化道潰瘍、關節不利，對金黃色葡萄球菌具有抗生作用，可搗敷瘍瘡。

高麗菜

十字花科 (Cruciferae)

Brassica oleracea L. var. *capitata* L.

別名　甘藍。

藥用　莖及葉味甘，性平。能止痛，治胃潰瘍（鮮用較佳）。

大頭菜

十字花科 (Cruciferae)

Brassica rapa L.

別名　圓菜頭、圓頭菜、蕪菁。

藥用　(1) 根、葉味苦，性涼。能益氣、消食、止咳，治腫毒、乳癰。(2) 花、種子味苦、辛，性平。能明目、清熱、利尿，治目暗、黃疸、淋痛。

落地生根

景天科 (Crassulaceae)

Bryophyllum pinnatum (Lam.) Kurz

別名　葉生根、大還魂、倒吊蓮、燈籠花。

藥用　全草或葉味酸、澀，性寒。能解毒、止血、生肌、活血、消腫、軟堅，治高血壓、血濁、血熱、吐血、胃腸出血、喉痛；外用治癰腫瘡毒、中耳炎。

石蓮花

景天科 (Crassulaceae)

Graptopetalum paraguayense (N. E. Br.) Walth.

別名 風車草、神明草、蓮座草、紅蓮。

藥用 葉能清肝、解毒，治肝炎。(本品可取鮮葉直接沾蜂蜜或梅子醬食用)。

伽藍菜

景天科 (Crassulaceae)

Kalanchoe laciniata (L.) DC.

別名 土三七、雞角三七、雞爪癀。

藥用 全草味苦，性寒。能清熱解毒、散瘀止血，治瘡瘍膿腫、跌打損傷、外傷出血、燙傷、濕疹等。

心基葉溲疏

虎耳草科 (Saxifragaceae)

Deutzia cordatula Li

別名 土常山、本常山、蜀七。

藥用 根及粗莖味辛，性寒。能解熱、止瘧，治瘧疾。(本植物的花略帶粉紅色，且葉片基部常見淺心形)

大葉溲疏

虎耳草科 (Saxifragaceae)

Deutzia pulchra Vidal

別名 土常山、本常山、蜀七。

藥用 根及粗莖味辛，性寒。能解熱、止瘧，治瘧疾。

華八仙

虎耳草科 (Saxifragaceae)

Hydrangea chinensis Maxim.

別名 土常山、長葉溲疏、粉團綉球。

藥用 根、葉味辛、酸，性涼，有小毒。能利尿、抗瘧、祛瘀止痛、活血生新，治跌打損傷、骨折、麻疹等。

臺灣海桐

海桐科 (Pittosporaceae)

Pittosporum pentandrum (Blanco) Merr.

別名 十里香、雞榆、七里香。

藥用 (1) 根味苦、辛，性溫。能祛風、止痛、活血，治跌打損傷、口渴等。(2) 樹皮治關節痛、皮膚癢，以及多種皮膚病。(3) 樹脂治創傷。

海　桐

海桐科 (Pittosporaceae)

Pittosporum tobira Ait.

別名 海桐花、七里香。

藥用 (1) 根味苦、辛，性溫。能祛風活絡、散瘀止痛，治風濕關節痛、跌打等。(2) 樹皮治皮膚病。(3) 枝葉外洗皮膚癢。(4) 果實治疝痛。

蚊母樹

金縷梅科 (Hamamelidaceae)

Distylium racemosum Sieb. & Zucc.

別名 總狀蚊母樹、蚊子樹。

藥用 根或樹皮味辛、微苦，性微溫。能活血祛瘀、利濕、解毒消腫、抗腫瘤，治瘰癧。

楓　香

金縷梅科 (Hamamelidaceae)

Liquidambar formosana Hance

別名 楓、楓仔樹、路路通、白膠香。

藥用 果（藥材稱路路通）味苦，性平。能下乳、祛風通絡、利水除濕，治肢體痺痛、手足拘攣、胃痛、水腫、經閉、乳少、癰疽、痔漏、濕疹。

蛇　莓

薔薇科 (Rosaceae)

Duchesnea indica (Andr.) Focke

別名 蛇婆、蛇波、地苺、龍吐珠。

藥用 全草味甘、酸，性涼。能清熱解毒、散瘀消腫、涼血止血，治熱病、疔瘡、燙傷、感冒、黃疸、目赤、口瘡、瘰腫、月經不調、跌打、糖尿病。

臺灣枇杷

薔薇科 (Rosaceae)

Eriobotrya deflexa (Hemsl.) Nakai

別名 （恒春）山枇杷、夏梅。

藥用 (1) 果實味甘、酸，性涼。能清熱，治發熱。(2) 葉味苦，性涼。能清熱解毒、化痰鎮咳、和胃，治急慢性氣管炎、感冒咳嗽等。

枇　杷

薔薇科 (Rosaceae)

Eriobotrya japonica Lindley

別名 枇杷葉。

藥用 葉味苦，性涼。能清肺化痰、降逆止嘔、止渴，治慢性氣管炎、痰嗽、嘔吐、陰虛勞嗽、咳血、衄血、吐血、妊娠惡阻、小兒吐乳、糖尿病、酒渣鼻（又稱玫瑰痤瘡）。

玉山假沙梨

薔薇科 (Rosaceae)

Photinia niitakayamensis Hayata

別名 夏皮楠、臺灣假沙梨、山蘋果、紅蘋果。

藥用 葉能祛風、止痛、強筋，治風濕疼痛、腰酸背痛等。

緋寒櫻

薔薇科 (Rosaceae)

Prunus campanulata Maxim.

別名 福建山櫻花、緋櫻、山櫻。

藥用 葉味苦、甘，性平。能鎮咳、祛痰。

梅

薔薇科 (Rosaceae)

Prunus mume Sieb. & Zucc.

別名 梅仔、烏梅、春梅、白梅。

藥用 果實味酸，性溫。能生津止渴、收斂、殺蟲，治久咳、虛熱咳嗽、久瀉、鉤蟲病、膽道蛔蟲症。(本植物之乾燥未成熟果實，即中藥材「烏梅」)。

桃

薔薇科 (Rosaceae)

Prunus persica (L.) Batsch

別名 山苦桃、毛桃、白桃、桃仔。

藥用 (1) 果實味甘、酸，性溫。能生津、潤腸、活血、消積。(2) 種子(桃仁)味苦、甘，性平。能破血化瘀、潤燥滑腸，治跌打、經閉。

臺灣火刺木

薔薇科 (Rosaceae)

Pyracantha koidzumii (Hayata) Rehder

別名 臺東火刺木、狀元紅、赤陽子、火棘。

藥用 (1) 根味酸、澀，性平。能清熱解毒，治閉經、跌打。(2) 果實味甘、酸，性平。能消積、止痢、活血、止血，治消化不良、痢疾、崩漏、帶下、產後腹痛。

梨

薔薇科 (Rosaceae)

Pyrus serotina Rehd.

別名 水梨。

藥用 (1) 果味甘、微酸，性涼。能生津潤燥、清熱化痰，治熱病、津傷煩渴、痰熱。(2) 梨皮味甘、澀，性涼。能清心潤肺、降火生津，治暑熱煩渴。

厚葉石斑木

薔薇科 (Rosaceae)

Rhaphiolepis indica (L.) Lindl. *ex* Ker var. *umbellata* (Thunb. *ex* Murray) Ohashi

別名 石斑木、革葉石斑木。

藥用 根味微苦、澀，性涼。能祛風利濕、活血化瘀、收斂止血，治腰膝疼痛、風濕骨痛、跌打損傷、半身不遂等。

小果薔薇

薔薇科 (Rosaceae)

Rosa cymosa Tratt.

別名 小金英、小金櫻。

藥用 (1) 果實、根味苦、辛、澀，性溫。能消腫止痛、祛風除濕、止血解毒、補脾固澀，治風濕關節痛、跌打損傷、脫肛、月經不調、滑精、糖尿病等。(2) 花味苦、澀，性寒。能清熱化濕、順氣和胃。(3) 葉味苦，性平。能解毒、消腫，外用治癰瘡腫毒、燒燙傷。

臺灣懸鉤子

薔薇科 (Rosaceae)

Rubus formosensis Ktze.

別名 懸鉤子、刺苺、大號刺波。

藥用 根及粗莖味辛、微苦，性涼。能止癢、解毒、活血、止汗、止帶，治腰痛、帶下、痔瘡、月經不調、盜汗等。

紅梅消

薔薇科 (Rosaceae)

Rubus parvifolius L.

別名 （山）鹽波、虎婆刺、茅莓、小號刺波。

藥用 全草味甘、酸，性平。能散瘀、止痛、解毒、殺蟲，治吐血、跌打、痔瘡、疥瘡、刀傷、產後瘀滯腹痛、痢疾、瘰癧。

刺萼寒莓

薔薇科 (Rosaceae)

Rubus pectinellus Maxim.

別名 黃藨、三叉寒莓、黃泡。

藥用 根味苦、澀，性涼。能清熱、利濕、解毒、止瀉，治黃水瘡、濕熱瘡毒。（本圖攝於合歡山）

相　思

豆科 (Leguminosae)

Abrus precatorius L.

別名 相思藤、土甘草、雞母珠、鴛鴦豆。

藥用 根、藤、葉味甘，性平。(1) 藤（莖）、葉能清熱、利尿、生津、止渴、潤肺，治喉痛、肝炎、咳嗽痰喘、乳瘡。(2) 根能清熱、利尿，治黃疸。

相思樹

豆科 (Leguminosae)

Acacia confusa Merr.

別名 相思仔、相思、細葉相思樹。

藥用 (1) 嫩枝葉味澀，性平。能行血散瘀、祛腐生肌，治跌打、毒蛇咬傷；外洗治爛瘡。(2) 樹皮可治跌打損傷。

金合歡

豆科 (Leguminosae)

Acacia farnesiana (L.) Willd.

別名 鴨皂樹、番仔刺、臭刺仔。

藥用 根味微酸、澀，性平。能收斂、止血、止咳，治遺精、白帶、脫肛、外傷出血、咳喘、跌打等。

孔雀豆

豆科 (Leguminosae)

Adenanthera pavonina L.

別名 相思樹、相思豆、紅木、紅豆。

藥用 根味澀，性平。能清熱、祛風、利濕。

落花生

豆科 (Leguminosae)

Arachis hypogaea L.

別名 土豆、花生、長生果。

藥用 (1) 種子味甘，性平。能補脾、潤肺、和胃、止血，治燥咳、反胃、腳氣、乳婦奶少等。(2) 花生油味甘，性平。能潤腸，治痢疾。(3) 種皮能止血、調經。

菊花木

豆科 (Leguminosae)

Bauhinia championii (Benth.) Benth.

別名 黑蝶藤、烏蛾藤、紅花藤。

藥用 (1) 根及藤莖味甘、辛、苦，性微溫。能祛風濕、行氣血，治跌打損傷、風濕骨痛、心胃氣痛等。(2) 葉能退翳。(3) 種子能理氣止痛、活血散瘀，治跌打損傷。

蓮實藤

豆科 (Leguminosae)

Caesalpinia minax Hance

別名 苦石蓮、喙莢雲實、蓮子簕、石蓮藤。

藥用 種子味苦，性涼。能清熱化濕、散瘀止痛，治風熱感冒、痢疾、淋濁、噦逆、癰腫、瘡癬、跌打損傷、毒蛇咬傷。

番蝴蝶

豆科 (Leguminosae)

Caesalpinia pulcherrima (L.) Sw.

別名 蛺蝶花、黃蝴蝶、金鳳花。

藥用 (1) 根味苦、澀，性平。能發汗解表。(2) 花、葉能通便、止咳、解熱，治支氣管炎。(3) 樹皮能止瀉。

樹　豆

豆科 (Leguminosae)

Cajanus cajan (L.) Millsp.

別名 蒲姜豆、木豆、番仔豆。

藥用 種子味甘、微酸，性溫。能清熱解毒、利水消腫、補中益氣、止血止痢，治水腫、血淋、痔血、癰疽腫毒、痢疾、腳氣。

蝙蝠草

豆科 (Leguminosae)

Christia vesteritilionis (L. f.) Bahn f.

別名 蝴蝶莶木、蝴蝶草、飛機草。

藥用 粗莖及根可治跌打損傷、支氣管炎、扁桃腺炎、肺結核、癰瘡腫毒、毒蛇咬傷、小兒驚風、月經不調等。

大葉野百合

豆科 (Leguminosae)

Crotalaria verrucosa L.

別名 大號玲瓏草、大野百合、多疣豬屎豆。

藥用 全草能清熱、解毒、消腫，治感冒頭痛、腮腺炎、扁桃腺炎、淋巴腺炎、肝炎、黃疸。葉外用治疥瘡。

三點金草

豆科 (Leguminosae)

Desmodium triflorum (L.) DC.

別名 呼神翅、小本土豆藤、四季春。

藥用 全草味苦、微辛，性涼。能行氣止痛、利濕解毒、消滯殺蟲，治脾疳、頭痛、咳嗽、腸炎痢疾、黃疸、關節痛、鉤蟲病、疥癢。

刺　桐

豆科 (Leguminosae)

Erythrina variegata L.

別名 大冇樹、梯枯、雞公樹、海桐。

藥用 (1) 幹皮或根皮味苦、辛，性平。能祛風除濕、舒筋通絡、殺蟲止癢，治風濕痺痛、肢節拘攣、跌打、疥癬、濕疹。(2) 花能收斂止血，治外傷出血。

大葉千斤拔

豆科 (Leguminosae)

Flemingia macrophylla (Willd.) O. Ktze.

別名 白馬屎、紅藥頭、一條根。

藥用 根味辛、微苦，性寒。能清熱利濕、健脾補虛、解毒，治痢疾、風濕疼痛、跌打損傷。

佛來明豆

豆科 (Leguminosae)

Flemingia strobilifera (L.) R. Br. *ex* Ait.

別名 球穗（花）千斤拔、千斤拔。

藥用 根味苦、甘，性涼。能清熱除濕、祛風通絡、化痰止咳，治風濕痺痛、腰膝無力、咳嗽、哮喘等。

毛木藍

豆科 (Leguminosae)

Indigofera hirsuta L.

別名 毛靛藍、毛馬棘、紅腳蹄仔、剛毛木藍。

藥用 (1) 枝、葉味苦、微澀，性涼。能解毒消腫、殺蟲止癢，治瘡癤、毒蛇咬傷、皮膚搔癢、疥癬。(2) 根能消腫解毒，治毒蛇咬傷。

野青樹

豆科 (Leguminosae)

Indigofera suffruticosa Miller

別名 野木藍、大青、山菁、染布青。

藥用 莖、葉、根及種子味苦，性寒，有毒。能涼血解毒、消炎止痛，治肝病、丹毒、衄血、皮膚癢、斑疹、腮腺炎（俗稱豬頭皮或豬頭旁）。

雞眼草

豆科 (Leguminosae)

Kummerowia striata (Thunb. *ex* Murray) Schindl.

別名 山土豆、蒼蠅翅、小號雨蠅翅。

藥用 全草味甘、辛，性平。能清熱解毒、健脾利濕，治感冒發熱、痢疾、熱淋等。

鐵掃帚

豆科 (Leguminosae)

Lespedeza cuneata (Dum. d. Cours.) G. Don

別名 千里光、大本雨蠅翅、半天雷。

藥用 全草味甘、苦、澀、辛，性涼。能清熱解毒、利濕消積、散瘀消腫、補肝腎、益肺陰，治哮喘、跌打、胃痛、瀉痢、目赤紅痛等。

含羞草

豆科 (Leguminosae)

Mimosa pudica L.

別名 見笑草、見羞草、怕羞草。

藥用 全草味甘、澀，性微寒，有毒。能鎮靜安神、化痰止咳、清熱利尿，治腸炎、失眠、小兒疳積、目赤腫痛、深部膿腫、帶狀疱疹。

血　藤

豆科 (Leguminosae)

Mucuna macrocarpa Wall.

別名 大血藤、烏血藤、串天癀、入骨丹。

藥用 藤莖味苦、澀，性微溫。能舒筋活絡、補血活血、清肺潤燥、調經，治風濕、小兒麻痺後遺症、月經不調、貧血、肺熱燥咳、咳血、腰膝酸痛、手足麻木。

豌　豆

豆科 (Leguminosae)

Pisum sativum L.

別名　荷蘭豆、白豌豆、寒豆、畢豆。

藥用　種子味甘，性平。能和中下氣、通乳利水、解毒，治消渴、吐逆、泄利腹脹、霍亂轉筋、乳少、腳氣、癰腫、痘瘡等。

水黃皮

豆科 (Leguminosae)

Pongamia pinnata (L.) Pierre

別名　九重吹、重炊舅、水流豆。

藥用　種子味苦，性寒，微毒。能祛風除濕、解毒殺蟲，治汗斑、疥癩、膿瘡、風濕關節痛等。

葛　藤

豆科 (Leguminosae)

Pueraria lobata (Willd.) Ohwi

別名　甘葛、葛麻藤、葛、粉葛、野葛。

藥用　(1) 塊根味甘、辛，性平。能升陽解肌、透疹止瀉、除煩止渴，治傷寒溫熱、頭痛項強、煩熱消渴、斑疹不透。(2) 葛花味甘，性平。能解酒、醒脾。

山　葛

豆科 (Leguminosae)

Pueraria montana (Lour.) Merr.

別名　臺灣葛藤、乾葛、葛藤。

藥用　(1) 根味辛、苦，性平。能清熱透疹、生津止渴，治麻疹不透、吐血、消渴症、口腔破潰等。(2) 葉、藤莖、種子或花能解熱、鎮痛。

阿勒伯

豆科 (Leguminosae)

Senna fistula L.

別名 波斯皂莢、阿勒勃、阿伯勒。

藥用 果實味苦，性寒，有小毒。能通絡、瀉下、殺蟲，治脘腹疼痛、便秘、胃酸過多、食慾不振等。

望江南

豆科 (Leguminosae)

Senna occidentalis (L.) Link

別名 大葉羊角豆、羊角豆、山綠豆。

藥用 種子味甘、苦，性涼，有毒。能清肝明目、健胃潤腸，治便秘、目赤腫痛、口爛、頭痛、高血壓、蛇傷等。

鐵刀木

豆科 (Leguminosae)

Senna siamea (Lam.) Irwin & Barneby

別名 黑心樹、挨刀樹。

藥用 葉、果實可治痞脹腹滿、頭暈等。

黃　槐

豆科 (Leguminosae)

Senna surattensis (Burm. f.) Irwin & Barneby

別名 金鳳。

藥用 葉或果實味苦，性寒，有小毒。能清熱、通便、潤肺，治腸燥便秘、痔瘡出血等。

決　明

豆科 (Leguminosae)

Senna tora (L.) Roxb.

別名 草決明、小決明、大號山土豆。

藥用 種子味苦、甘、鹹，性微寒。能緩下通便、清肝明目、利水，治風眼暴赤、頭痛眩暈、目暗不明、高血壓、肝炎、習慣性便秘。

狗尾草

豆科 (Leguminosae)

Uraria crinita (L.) Desv. *ex* DC.

別名 狐狸尾、兔尾草、狗尾呆仔、通天草。

藥用 根及粗莖味甘、微苦，性平。能清熱止咳、散瘀止血、消癰解毒、開脾，治咳嗽、肺癰、吐血、腫毒、子宮脫垂、小兒發育不良。

楊　桃

酢漿草科 (Oxalidaceae)

Averrhoa carambola L.

別名 五斂、五稜子、羊桃、陽桃。

藥用 果實味甘、酸，性寒。能清暑、解渴、生津、利水、解毒，治風熱咳嗽、煩咳、石淋、口腔潰爛、牙痛。（花治寒熱往來，解鴉片毒）

酢漿草

酢漿草科 (Oxalidaceae)

Oxalis corniculata L.

別名 鹽酸仔草、三葉酸、黃花酢漿草。

藥用 全草味酸，性涼。能清熱解毒、安神降壓、利濕涼血、散瘀消腫，治痢疾、黃疸、吐血、喉痛、跌打、燒燙傷、痔瘡、脫肛、疔瘡。

蒺　藜

蒺藜科 (Zygophyllaceae)

Tribulus terrestris L.

別名 三腳丁、三腳馬仔、白蒺藜、刺蒺藜。

藥用 果實味苦、辛，性微溫（或謂性平）。能平肝解鬱、活血祛風、明目止癢，治頭痛眩暈、肝陽上亢、肝鬱氣滯、乳閉脹痛、乳癰、目翳、風疹搔癢。

降真香

芸香科 (Rutaceae)

Acronychia pedunculata (L.) Miq.

別名 山油柑、山柑、石苓舅、沙塘木。

藥用 心材味甘，性平，氣香，有毒。能行氣活血、健脾止咳、祛風止痛，治感冒咳嗽、胃痛、疝氣痛、食慾不振、消化不良、刀傷出血、跌打。

柚

芸香科 (Rutaceae)

Citrus grandis (L.) Osbeck

別名 文旦柚、麻豆文旦、白柚。

藥用 外層果皮味辛、苦，性溫。能散寒、燥濕、利水、消痰，治風寒咳嗽、喉癢痰多、食積傷酒、嘔噁痞悶等。

佛手柑

芸香科 (Rutaceae)

Citrus medica L. var. *sarcodactylis* Hort.

別名 佛手、蜜羅柑、（十指）香圓。

藥用 (1) 果實味辛、苦、酸，性溫。能疏肝理氣、和胃止痛，治肝氣鬱結、胃氣痛、咳嗽痰多、消化不良。(2) 根能順氣、化痰，治脾腫大、癲癇。

過山香

芸香科 (Rutaceae)

Clausena excavata Burm. f.

別名 番仔香草、龜裡椹。

藥用 全株味苦、辛，性溫。能接骨、散瘀、祛風濕，治胃脘冷痛、關節痛。(葉能疏風解表、散寒截瘧，治風寒感冒、腹痛、蛇傷。

黃皮果

芸香科 (Rutaceae)

Clausena lansium (Lour.) Skeels

別名 黃柑、金彈子、番仔龍眼。

藥用 (1) 根味辛、微苦，性溫。能消腫止痛、利小便，治黃疸，預防流感。(2) 果實味甘、酸，性溫。能消食、化痰，治食慾不振、痰飲咳喘。

山黃皮

芸香科 (Rutaceae)

Murraya euchrestifolia Hayata

別名 山豆葉月橘、野黃皮。

藥用 枝葉味辛，性溫。能疏風解表、活血散瘀、消腫止痛，治瘧疾、感冒、咳嗽、頭痛、跌打損傷、風濕骨痛等。

月　橘

芸香科 (Rutaceae)

Murraya paniculata (L.) Jack.

別名 七里香、九里香、滿山香。

藥用 全株味辛、苦，性微溫。(1) 枝葉能行氣活血、祛風除濕，治脘腹氣痛、跌打。(2) 根能祛風除濕，治風濕、痛風、跌打等。

臭辣樹

芸香科 (Rutaceae)

Tetradium glabrifolium (Champ. *ex* Benth.) T. Hartley

別名 賊仔樹。

藥用 (1) 果實味辛，性溫。能溫中散寒、行氣止痛，治脘腹疼痛、嘔吐、頭痛。(3) 根或葉味辛、微甘、澀，性涼。能止咳、止痛，治咳嗽、關節腫痛。

飛龍掌血

芸香科 (Rutaceae)

Toddalia asiatica (L.) Lamarck

別名 細葉黃肉刺、黃樹根藤、見血飛。

藥用 根（亦稱古月根）味辛、苦，性溫。能散瘀止血、祛風除濕、消腫止痛，治風寒感冒、胃氣痛、風濕疼痛、跌打、瘡癤腫毒、癲癇。

胡椒木

芸香科 (Rutaceae)

Zanthoxylum beecheyanum K. Koch

別名 胡椒樹、鰭山椒、翼葉花椒、岩花椒。

藥用 葉及果實可當鎮痛、發汗劑。葉片氣味芳香，可作食品香料。

橄　欖

橄欖科 (Burseraceae)

Canarium album (Lour.) Raeusch.

別名 白欖、青果、綠欖、(草)干仔根。

藥用 (1) 果實味甘、酸，性平。能清熱、利咽、生津、解毒，治喉痛、咳嗽、煩渴。(2) 根味淡，性平。能清咽、解毒、利關節，治喉痛、腳氣、筋骨酸痛。

樹　蘭

楝科 (Meliaceae)

Aglaia odorata Lour.

別名 秋蘭、珠蘭、碎米蘭。

藥用 (1) 枝葉味辛，性溫。能活血、消腫、止痛，治跌打、骨折、疽瘡。(2) 花味辛、甘，性平。能解鬱、醒酒、清肺、止煩渴，治胸膈脹滿、咳嗽。

猿尾藤

黃褥花科 (Malpighiaceae)

Hiptage benghalensis (L.) Kurz

別名 風車藤。

藥用 藤味澀、苦，性溫。能溫腎益氣、澀精止遺，治腎虛陽痿、遺精、尿頻、自汗、盜汗、風寒濕痺等。

人　莧

大戟科 (Euphorbiaceae)

Acalypha australis L.

別名 金射榴、海蚌含珠、血見愁。

藥用 全草味苦、澀，性涼。能清熱解毒、利水、止痢、殺蟲、止血，治菌痢、便血、吐血、咳嗽、疳積、崩漏、腹脹、皮膚炎等。

印度人莧

大戟科 (Euphorbiaceae)

Acalypha indica L.

別名 印度鐵莧。

藥用 全草能祛痰、緩瀉、利尿、驅蟲，治支氣管炎、肺炎、咳嗽、小兒寄生蟲症、疥癬、輪癬、發疹、皮膚病、風濕疼痛、蜈蚣咬傷等。

威氏鐵莧

大戟科 (Euphorbiaceae)

Acalypha wilkesiana Muell.-Arg.

別名 金邊桑、紅桑、紅葉鐵莧。

藥用 葉味苦、辛，性涼。能清熱、涼血、止血，治紫癜、牙齦出血、再生障礙性貧血、咳嗽、血小板過低、暑熱等。

重陽木

大戟科 (Euphorbiaceae)

Bischofia javanica Blume

別名 秋楓樹、茄冬、茄苳。

藥用 根、樹皮、葉味微辛、澀，性涼。能行氣活血、消腫解毒。(1) 根及樹皮治風濕疼痛。(2) 葉為退燒藥，另治消化道癌、肝炎、風熱咳喘等。

七日暈

大戟科 (Euphorbiaceae)

Breynia officinalis Hemsley

別名 （寬萼）山漆莖、紅仔珠、赤子仔。

藥用 根及莖味苦、酸，性寒，有毒。能清熱解毒、活血化瘀、止痛止癢、抗過敏、抗癌，治感冒、扁桃腺炎、支氣管炎、風濕關節炎、急性胃腸炎。

土密樹

大戟科 (Euphorbiaceae)

Bridelia tomentosa Blume

別名 夾骨木、逼迫子、補腦根。

藥用 全株味淡、微苦，性平。(1) 根能安神、調經、解熱、利尿，治癰瘡腫毒。(2) 根皮治腎虛、月經不調。(3) 莖及葉治狂犬咬傷；鮮葉搗敷疔瘡腫毒。

大飛揚

大戟科 (Euphorbiaceae)

Chamaesyce hirta (L.) Millsp.

別名 大本乳仔草、羊母奶、乳仔草。

藥用 全草味微苦、微酸，性涼。能清熱解毒、利濕止癢、抗菌止瀉，治消化不良、陰道滴蟲、痢疾、咳嗽、腎盂腎炎、皮膚搔癢。

假紫斑地錦

大戟科 (Euphorbiaceae)

Chamaesyce hypericifolia (L.) Millsp.

別名 假紫斑大戟、大地錦、通奶草。

藥用 全草味微苦、辛，性平。能清熱解毒、通乳利尿，治婦人乳汁不通、水腫、痢疾、泄瀉、皮膚炎、濕疹、燒燙傷等。

伏生大戟

大戟科 (Euphorbiaceae)

Chamaesyce prostrata (Ait.) Small

別名 匍匐大戟、小飛揚、紅乳仔草。

藥用 全草味微酸、澀，性涼。能清熱解毒、涼血消腫、收斂止癢、催乳，治痢疾、吐泄、乳汁稀少、齒衄、便血、白濁、尿血、纏腰火丹；外用治口瘡、乳癰、疔癤。

匍根大戟

大戟科 (Euphorbiaceae)

Chamaesyce serpens (Kunth) Small

別名 戶神實、戶神實仔（台南）。

藥用 全草能清熱解毒、收斂止瀉，治腸炎腹瀉，常與伏生大戟、小飛揚等混採混用。

裏白巴豆

大戟科 (Euphorbiaceae)

Croton cascarilloides Raeusch.

別名 葉下白、白葉下。

藥用 根味辛，性熱，有毒。能祛風解熱、壯筋骨、催吐，治風濕骨痛、咽喉腫痛。

巴豆

大戟科 (Euphorbiaceae)

Croton tiglium L.

別名 落水金光、巴菽、貢仔、猛樹。

藥用 果實味辛，性熱，有大毒。能瀉寒積、通關竅、逐痰、行水、殺蟲，治冷積凝滯、腹脹滿急痛、痰癖、水腫；外用治喉痺、惡瘡疥癬等。

猩猩草

大戟科 (Euphorbiaceae)

Euphorbia cyathophora Murr.

別名 火苞草、一品紅、葉像花。

藥用 全草味苦、澀，性寒，有毒。能調經止血、接骨消腫、止血止咳，治月經過多、跌打損傷、骨折、咳嗽等。

大甲草

大戟科 (Euphorbiaceae)

Euphorbia formosana Hayata

別名 五虎下山、臺灣大戟、黃花尾、八卦草。

藥用 全草味苦，性寒，有毒。能解毒、消炎，治毒蛇咬傷、風濕疼痛、疥癬、跌打損傷。

麒麟花

大戟科 (Euphorbiaceae)

Euphorbia milii Des Moulins

別名 鐵海棠、霸王鞭、刺仔花。

藥用 全草(含乳汁)味苦，性涼，有毒。能排膿、解毒、逐水、活血，治癰瘡、肝炎、水腫、燙火傷、跌打損傷等。

金剛纂

大戟科 (Euphorbiaceae)

Euphorbia neriifolia L.

別名 火烘、霸王鞭、火巷。

藥用 莖、乳汁味苦，性寒，有毒。(1)莖能消腫、通便、殺蟲、抗癌，治急性吐瀉、腫毒、疥癩。(2)乳汁能瀉下、逐水、止癢。

猩猩木

大戟科 (Euphorbiaceae)

Euphorbia pulcherrima Will. *ex* Klotzsch

別名 聖誕紅、葉上花、葉像花。

藥用 全株味苦、澀，性涼，有毒。能調經、止血、接骨、消腫，治月經過多、跌打損傷、外傷出血、骨折等。

綠珊瑚

大戟科 (Euphorbiaceae)

Euphorbia tirucalli L.

別名 青珊瑚、珊瑚瑞。

藥用 全株味辛、微酸，性涼，有毒。能催乳、殺蟲、抗癌，治缺乳、癬疾、關節腫痛、跌打等。

密花白飯樹 大戟科 (Euphorbiaceae)

Flueggea virosa (Roxb. *ex* Willd.) Voigt

別名 白子仔、白飯樹、密花市葱。

藥用 (1) 葉味苦、微澀，性涼。能消炎、祛風、止癢，治跌打、風濕、濕疹搔癢。(2) 根及幹味甘、微苦，性溫。能祛風濕、清濕熱，治風濕、濕熱帶下。

紅葉麻瘋樹 大戟科 (Euphorbiaceae)

Jatropha gossypiifolia L. var. *elegans* (Pohl) Muell.-Arg.

別名 紅茄苳、裂葉麻瘋、紅麻瘋樹。

藥用 (1) 根及莖皮能調經、催吐、瀉下，治癲癇，或作食物中毒引吐。(2) 葉及種子能解毒、瀉下，外治疔瘡、疥癬、濕疹。

血　桐 大戟科 (Euphorbiaceae)

Macaranga tanarius (L.) Muell.-Arg.

別名 大冇樹、橙桐、流血樹、饅頭果。

藥用 全株味苦、澀，性平。樹皮治痢疾。根能解熱、催吐，治咳血。(本植物的莖被切斷時，會流出紅色汁液如流血，故別稱「流血樹」)。

野梧桐 大戟科 (Euphorbiaceae)

Mallotus japonicus (Thunb.) Muell.-Arg.

別名 野桐、白葉仔、白肉白匏仔。

藥用 根味微苦、澀，性平。能清熱解毒、收斂止血，治消化不良、潰瘍、外傷出血、慢性肝炎、脾腫大、帶下、中耳炎等。

白匏子

大戟科 (Euphorbiaceae)

Mallotus paniculatus (Lam.) Muell.-Arg.

別名 白匏、白葉仔、白背葉。

藥用 根及粗莖味微苦、澀，性平。治痢疾、陰挺（子宮下垂）、中耳炎等。

扛香藤

大戟科 (Euphorbiaceae)

Mallotus repandus (Willd.) Muell.-Arg.

別名 桶鉤藤、石岩楓、扛藤。

藥用 根及莖味甘、微苦，性寒。能祛風濕、活血通絡、驅蟲止癢、消腫，治肝炎、風濕痺腫、跌打、癰腫、濕疹、產後風癱。

多花油柑

大戟科 (Euphorbiaceae)

Phyllanthus multiflorus Willd.

別名 白仔、小果葉下珠。

藥用 根味澀，性平。能消炎、收斂、止瀉，治痢疾、肝炎、小兒疳積等。（本植物的木材可作薪炭材）

葉下珠

大戟科 (Euphorbiaceae)

Phyllanthus urinaria L.

別名 珠仔草、珍珠草、真珠草、葉後珠。

藥用 全草味甘、苦，性涼。能清熱、利尿、明目、消炎、解毒，治泄瀉、傳染性肝炎、水腫、淋痛、赤眼目翳、口瘡、頭瘡、無名腫毒。

蓖　麻

大戟科 (Euphorbiaceae)

Ricinus communis L.

別名 紅茶蓖、紅都蓖、紅蓖麻。

藥用 (1) 種子味甘、辛，性平，有毒。能拔毒、瀉下，治癰疽、便秘，含毒蛋白可抗腹水癌。(2) 根能祛風、活血、止痛，治風濕、跌打。

烏　桕

大戟科 (Euphorbiaceae)

Sapium sebiferum (L.) Roxb.

別名 木油樹、木梓樹、桕仔樹、瓊仔。

藥用 根皮或樹皮味苦，性微溫。能利水、消積、殺蟲、解毒，治水腫、臌脹、癥瘕積聚、二便不通、濕瘡、疥癬、疔毒等。

守宮木

大戟科 (Euphorbiaceae)

Sauropus androgynus Merr.

別名 減肥菜、食樹、甜菜、樹仔菜、越南菜。

藥用 根能清熱解毒、潤肺止咳、消腫止痛、利尿降壓，治淋巴結核、痢疾、尿血、便血、小便不利等。

龍利葉

大戟科 (Euphorbiaceae)

Sauropus spatulifolius Baill.

別名 龍舌葉、龍味葉、牛耳葉。

藥用 葉味甘、淡，性平。能清熱、化痰、潤肺、通便，治肺燥咳嗽、失音、咽喉腫痛、上呼吸道炎、急性支氣管炎、哮喘、咯血、便秘。

假葉下珠

大戟科 (Euphorbiaceae)

Synostemon bacciforme (L.) Webster

別名 桃實草、山蓮霧。

藥用 新鮮全草外敷腫毒及跌打損傷。（本植物厚厚的橢圓形肉質葉是其最大的鑑定特徵）

芒　果

漆樹科 (Anacardiaceae)

Mangifera indica L.

別名 檬果、樣仔。

藥用 果實味甘、酸，性涼。能止咳、益胃、活血通經，治咳嗽、嘔吐、壞血病、經閉等。（果核能行氣、消滯，治疝氣、食滯）

黃連木

漆樹科 (Anacardiaceae)

Pistacia chinensis Bunge

別名 楷木、腦心木、爛心木。

藥用 (1) 葉芽味苦、澀，性寒。能清熱、止渴，治暑熱口渴、痢疾、喉痛、口舌糜爛、濕瘡。(2) 樹皮味苦，性寒。能清熱解毒，治皮膚搔癢。

鹽膚木

漆樹科 (Anacardiaceae)

Rhus chinensis Mill.

別名 鹽霜柏、鹽酸木、五倍子樹、酸桶。

藥用 樹葉五倍子蚜的癭（稱五倍子）味酸、澀，性寒。能斂肺降火、澀腸止瀉、斂汗止血、收濕斂瘡，治肺虛久咳、久瀉、痔血、遺精、自汗、盜汗。

羅氏鹽膚木

漆樹科 (Anacardiaceae)

Rhus chinensis Mill. var. *roxburghii* (DC.) Rehd.

別名 鹽霜柏、埔鹽、山鹽青、鹽東花。

藥用 (1) 果實味酸、澀，性涼。治咳嗽痰多、盜汗。(2) 鮮葉外敷毒蛇咬傷、漆瘡、濕疹。(3) 樹皮治痢疾。(4) 莖（藥材稱埔鹽片）治糖尿病。

崗　梅

冬青科 (Aquifoliaceae)

Ilex asprella (Hook. & Arn.) Champ.

別名 釘秤仔、燈稱花、萬點金、山甘草。

藥用 根味苦、甘，性寒。能清熱解毒、生津止渴、活血，治感冒、肺癰、喉痛、淋濁、風火牙痛、癰疽、皮膚炎、痔血、跌打。

鐵冬青

冬青科 (Aquifoliaceae)

Ilex rotunda Thunb.

別名 細果冬青、救必應、消癀藥。

藥用 根味苦，性寒。能清熱解毒、消腫止痛、止血，治感冒發熱、腎炎水腫、肝炎、癰瘡癤腫、毒蛇咬傷；外用治燙傷、濕疹、皮膚炎。

刺裸實

衛矛科 (Celastraceae)

Maytenus diversifolia (Maxim.) Din Hou

別名 北仲、變葉裸實、刺仔木。

藥用 根及莖味苦，性溫。能活血化瘀、祛風除濕，治風濕性關節炎、跌打損傷等。

杜　仲

杜仲科 (Eucommiaceae)

Eucommia ulmoides Oliver

別名 思仙、思仲、木綿。

藥用 樹皮味甘、微辛，性溫。能補肝腎、強筋骨、安胎、降血壓，治腰膝酸痛、陽萎、尿頻、小便餘瀝、風濕痺痛、胎動不安。

倒地鈴

無患子科 (Sapindaceae)

Cardiospermum halicacabum L.

別名 假苦瓜、倒藤卜仔草、肉粽草。

藥用 全草味苦、微辛，性涼。能散瘀消腫、涼血解毒、清熱利水，治黃疸、淋病、疔瘡、疥瘡、蛇咬傷、發燒不退（忽冷忽熱）等。

龍　眼

無患子科 (Sapindaceae)

Euphoria longana Lam.

別名 益智、亞荔枝、桂圓。

藥用 (1) 根及粗莖味微苦、澀，性平。能通絡、收斂，治糖尿病。(2) 果肉味甘，性溫。能益心脾、補氣血、安神，治虛勞羸弱、失眠。

臺灣欒樹

無患子科 (Sapindaceae)

Koelreuteria henryi Dummer

別名 苦苓舅、苦楝舅。

藥用 根及根皮味苦，性寒。能疏風清熱、收斂止咳、止痢殺蟲，治風熱咳嗽、風熱目痛、痢疾、尿道炎等。

荔　枝

無患子科 (Sapindaceae)

Litchi chinensis Sonn.

別名 荔支、麗枝。

藥用 (1) 果殼味苦，性涼。能解荔枝熱，治產後口渴（常與觀音串配伍）。(2) 種子（果核）味甘、澀、微苦，性溫。治陰囊腫痛。

無患子

無患子科 (Sapindaceae)

Sapindus mukorossi Gaertn.

別名 木患子、黃目子、洗手果、肥皂樹。

藥用 (1) 根味苦，性涼。能清熱解毒、行氣止癰，治風熱感冒、胃痛、尿濁。(2) 種子味苦、微辛，性寒，有小毒。能清熱祛痰、消積殺蟲，治咳嗽、食滯蟲積。

鳳仙花

鳳仙花科 (Balsaminaceae)

Impatiens balsamina L.

別名 指甲花、白指甲花、急性子。

藥用 種子味苦、辛，性溫，有小毒。能破血、軟堅、消積，治經閉、難產、骨鯁咽喉、腫塊積聚、跌打損傷。

呂宋毛蕊木

茶茱萸科 (Icacinaceae)

Gomphandra luzoniensis (Merr.) Merr.

藥用 樹皮為收斂劑。

編語 本植物常綠，小枝下垂，葉形似柿葉，姿態頗美，耐陰性，可供觀賞。又枝幹不易腐爛，在蘭嶼當地供作涼亭支架或造屋之用。

青脆枝

茶茱萸科 (Icacinaceae)

Nothapodytes nimmoniana (Graham) Mabb.

別名 臭馬比木、臭（味）假柴龍樹。

藥用 全株味辛，性溫，含喜樹鹼。能抗癌、祛風除濕、理氣散寒，治癌症、浮腫、小兒疝氣；外用可治關節疼痛。

小葉黃鱔藤

鼠李科 (Rhamnaceae)

Berchemia lineata (L.) DC.

別名 鐵包金、烏尼乃（仔）。

藥用 根味微苦、澀，性平。能固腎益氣、化瘀止血、消腫止痛，治肺癆、消渴、胃痛、遺精、風濕、跌打、癰疽、腦震盪、精神分裂。

亞洲濱棗

鼠李科 (Rhamnaceae)

Colubrina asiatica (L.) Brongn.

別名 山烏刺、蛇藤、濱棗。

藥用 全株具強力癒合作用，還能利尿、消腫，治創傷、腫毒。（本植物的英文名為 latherleaf(泡沫葉)，因其葉子富含皂素類成分，可起泡沫供作洗滌劑）

白　棘

鼠李科 (Rhamnaceae)

Paliurus ramosissimus (Lour.) Poir.

別名 馬甲子、石刺仔、牛港刺、鐵離笆。

藥用 (1) 根味苦，性平。能祛風濕、散瘀血，治風濕、勞傷痺痛、無名腫毒、狂犬咬傷。(2) 刺、花及葉能清熱解毒，治無名腫毒、目赤腫痛。

桶鉤藤

鼠李科 (Rhamnaceae)

Rhamnus formosana Matsumura

別名 臺灣鼠李、本黃芩、山藍盤、黃心樹。

藥用 根及粗莖（藥材稱本黃芩）能解熱、消炎、滋陰、利尿，治口腔炎、咽喉腫痛、胃病、肝炎、腎炎、皮膚癢、濕疹等。

漢氏山葡萄

葡萄科 (Vitaceae)

Ampelopsis brevipedunculata (Maxim.) Trautv. var. *hancei* (Planch.) Rehder

別名 大本山葡萄、冷飯藤、耳空仔藤。

藥用 藤莖味甘，性平。能清熱解毒、祛風活絡、止痛止血、散瘀破結、利尿消腫，治耳疾、風濕疼痛、嘔吐、泄瀉、跌打、瘡瘍腫毒、腎炎、肝炎。

四稜藤

葡萄科 (Vitaceae)

Cissus quadrangularis L.

別名 四稜粉藤、草原葡萄、四方藤。

藥用 藤莖能消炎、止痛、抗潰瘍、抗氧化、預防骨質流失、癒合骨折、驅蟲、抗菌，治痔瘡、胃潰瘍、骨質疏鬆、關節痛、新陳代謝綜合症狀、肥胖。

粉　藤

葡萄科 (Vitaceae)

Cissus repens Lam.

別名 獨腳烏桕、接骨藤。

藥用 塊根味甘、辛，性平。能活血通絡、清熱涼血、解毒消腫，治腫毒、皮膚病、疔瘡、骨蒸勞熱、跌打損傷、風濕痺痛、瘰癧、痰核、毒蛇咬傷。

三葉葡萄

葡萄科 (Vitaceae)

Tetrastigma dentatum (Hayata) Li

別名 三葉毒葡萄、三葉山葡萄、三角鼈草。

藥用 全草味苦，性平。能消腫、解毒，治腫毒、皮膚病等。

臺灣崖爬藤

葡萄科 (Vitaceae)

Tetrastigma umbellatum (Hemsl.) Nakai

別名 爬山虎、紅骨蛇。

藥用 全草味微苦，性平。能清熱解毒、散瘀消腫、舒筋活絡、祛風除濕、活血止痛，治淋巴腺炎、喉痛、風濕疼痛、坐骨神經痛、跌打、癰腫。

火筒樹

火筒樹科 (Leeaceae)

Leea guineensis G. Don

別名 祖公柴、番婆怨、臺灣火筒樹。

藥用 (1) 根味淡，性平。能祛風除濕、收斂生肌，內服外洗治風濕痺痛。(2) 葉外用治瘡瘍腫毒。

杜　英

膽八樹科 (Elaeocarpaceae)

Elaeocarpus sylvestris (Lour.) Poir.

別名 山冬桃、小冬桃、山杜英。

藥用 根味辛，性溫。能散瘀、消腫，治跌打瘀腫。

山　麻

田麻科 (Tiliaceae)

Corchorus olitorius L.

別名 斗鹿、長果黃麻。

藥用 (1)全草味甘，性平。能疏風、止咳、利濕，治感冒咳嗽、痢疾、皮膚濕疹等。(2)種子能行氣止痛。

磨盤草

錦葵科 (Malvaceae)

Abutilon indicum (L.) Sweet

別名 帽仔盾、磨仔盾草、冬葵子。

藥用 根味辛、甘，性寒。能散風清血、開竅活血、滑腸通便、利尿下乳，治泄瀉、淋症、疝氣、癰腫、癮疹、痄腮等。

風鈴花

錦葵科 (Malvaceae)

Abutilon striatum Dicks.

別名 猩猩花。

藥用 葉或花味辛，性寒。能活血祛瘀、舒筋通絡，治跌打損傷。

蜀　葵

錦葵科 (Malvaceae)

Althaea rosea Cav.

別名 吳葵、胡葵、丈紅。

藥用 全草味甘，性寒。(1)根能清熱涼血、利尿排膿，治淋病、白帶、瘡腫。(2)莖葉(稱蜀葵苗)治淋症、金瘡、火瘡、熱毒下痢。(3)花能通利二便。

木芙蓉

錦葵科 (Malvaceae)

Hibiscus mutabilis L.

別名 三變花、醉酒芙蓉、朝開暮落花。

藥用 全株味微辛，性涼。(1) 根能消腫、解毒、排膿，治癰腫瘡癤、跌打。(2) 葉能消腫、解毒，治癰疽疔瘡、纏腰火丹、燒燙傷、肺癰、腸癰。

扶　桑

錦葵科 (Malvaceae)

Hibiscus rosa-sinensis L.

別名 朱槿、大紅花、扶桑花、紅佛桑。

藥用 (1) 花味甘，性寒。能清肺化痰、涼血解毒，治痰火咳嗽、衄血、咳血、痢血、月經不調、癰瘡、乳癰。(2) 葉味甘，性平。能清熱解毒，外用治汗斑。

洛神葵

錦葵科 (Malvaceae)

Hibiscus sabdariffa L.

別名 山茄、洛濟葵、洛神花。

藥用 (1) 花萼味酸，性涼。能斂肺止咳、降血壓、解酒，治肺虛咳嗽、高血壓、酒醉。(2) 葉能消腫，治腋下瘡瘍。

裂瓣朱槿

錦葵科 (Malvaceae)

Hibiscus schizopetalus (Mast.) Hook. f.

別名 燈仔花、裂瓣槿、吊燈扶桑。

藥用 (1) 根味辛，性涼。能消食行滯，治食積。(2) 葉搗敷腫毒，能拔毒生肌，治腋瘡、腫毒。

山芙蓉

錦葵科 (Malvaceae)

Hibiscus taiwanensis Hu

別名 狗頭芙蓉。

藥用 根及莖味微辛，性平。能清肺止咳、涼血消腫、解毒、美白，治肺癰、惡瘡等。

黃　槿

錦葵科 (Malvaceae)

Hibiscus tiliaceus L.

別名 朴仔、河麻、(鹽水)面頭果、粿葉(樹)。

藥用 (1) 全株味甘、淡，性涼。能清熱解毒、散瘀消腫，治木薯中毒、瘡癤腫痛等。(2) 根能解熱、催吐，治發熱。(3) 嫩葉治咳嗽、支氣管炎。

冬　葵

錦葵科 (Malvaceae)

Malva verticillata L.

別名 冬寒菜、葵菜、葵、露葵。

藥用 (1) 果實味甘、澀，性涼。能清熱、利尿、消腫，治淋痛、尿閉、水腫、口渴。(2) 根能清熱、解毒、利竅、通淋，治消渴、淋症、二便不通、乳汁少、帶下。

苦麻賽葵

錦葵科 (Malvaceae)

Malvastrum coromandelianum (L.) Garcke

別名 賽葵、黃花棉、大葉黃花猛。

藥用 全草味微甘，性涼。能清熱、利濕、解毒、祛瘀、消腫，治感冒、泄瀉、黃疸、風濕疼痛、肝炎、糖尿病；外用治跌打、疔瘡癰腫、皮膚病。

繖楊

錦葵科 (Malvaceae)

Thespesia populnea (L.) Solad. *ex* Correa

別名 截萼黃槿、恒春黃槿。

藥用 (1) 全株味苦，性寒。能清熱解毒、消腫止痛，治腦膜炎、痢疾、痔瘡、睪丸腫痛、疥癬。(2) 葉治頭痛、疥瘡。(3) 果實可殺虱。

虱母

錦葵科 (Malvaceae)

Urena lobata L.

別名 肖梵天花、紅花地桃花、三腳破。

藥用 根及粗莖味甘、辛，性平。能清熱解毒、祛風利濕、行氣活血，治水腫、風濕、痢疾、吐血、刀傷出血、跌打、毒蛇咬傷、疔瘡、粒仔。

白花虱母

錦葵科 (Malvaceae)

Urena lobata L. var. *albiflora* Kan

別名 白花地桃花、白花野棉花、三腳破。

藥用 本品效用與虱母相近，但一般認為其效更優於虱母。

梵天花

錦葵科 (Malvaceae)

Urena procumbens L.

別名 天花、三角楓、虱母子。

藥用 全草味淡、微甘，性涼。能祛風、解毒，治風濕痺痛、泄瀉、痢疾、感冒、喉痛、肺熱咳嗽、風毒流注、瘡瘍腫毒、跌打、毒蛇咬傷。

木　棉

木棉科 (Bombacaceae)

Bombax malabarica DC.

別名 斑芝樹、加薄棉、棉樹。

藥用 粗莖（或樹皮）味辛、苦，性涼。能清熱解毒、散瘀止血，治風濕痺痛、泄瀉、慢性胃炎、胃潰瘍、崩漏、瘡癤腫痛、糖尿病、陽萎。

昂天蓮

梧桐科 (Sterculiaceae)

Ambroma augusta (L.) L. f.

別名 假芙蓉、水麻。

藥用 根味微苦，性平。能通經行血、散瘀消腫，治癰癤紅腫、跌打腫痛等。

鵝鴣麻

梧桐科 (Sterculiaceae)

Kleinhovia hospita L.

別名 克蘭樹、面頭粿、倒地鈴、栖頭怛。

藥用 葉味苦，性溫，有毒。能殺蟲療癬、燥濕止癢，治疥瘡、癬疾、皮疹癢痛、頭風等；煎汁洗滌皮膚病、疥癬。

掌葉蘋婆

梧桐科 (Sterculiaceae)

Sterculia foetida L.

別名 裂葉蘋婆、假蘋婆、香蘋婆。

藥用 (1) 果殼味淡，性平。能解熱、消散、收斂。(2) 葉味苦，性平。能瀉下，治創傷、脫臼、皮膚潰瘍。(3) 根治黃疸、淋病。

草梧桐

梧桐科 (Sterculiaceae)

Waltheria americana L.

別名 倒地麻、和他草。

藥用 全草味辛、微甘，性平。能解熱、消炎、解毒、祛濕、祛風、止痛，治牙痛、高血壓、感冒發燒等。

水冬瓜

獼猴桃科 (Actinidiaceae)

Saurauia tristyla DC. var. *oldhamii* (Hemsl.) Finet & Gagnep.

別名 水東哥、水枇杷、大冇樹、白飯木。

藥用 根味微苦，性涼。能清熱解毒、止咳止痛，治風熱咳嗽、風火牙痛、白帶、尿路感染、精神分裂、肝炎等。

森氏紅淡比

山茶科 (Theaceae)

Cleyera japonica Thunb. var. *morii* (Yamamoto) Masamune

別名 紅淡比、紅淡皮、森氏楊桐。

藥用 花味苦，性寒。能涼血、止血、消腫。

大頭茶

山茶科 (Theaceae)

Gordonia axillaris (Roxb.) Dietr.

別名 山茶花、山茶、花東青、大山皮。

藥用 (1) 莖皮味辛，性溫。能活絡止痛，治風濕腰痛、跌打損傷等。(2) 果實味辛、澀，性溫。能溫中止瀉，治虛寒泄瀉。

瓊崖海棠

金絲桃科 (Guttiferae)

Calophyllum inophyllum L.

別名 胡桐、紅厚殼。

藥用 (1) 根、葉味微苦，性平。能祛瘀、止痛，治風濕疼痛、跌打損傷、痛經。(2) 樹皮、果實治鼻衄、鼻塞、耳聾。(3) 種子油治皮膚病。

地耳草

金絲桃科 (Guttiferae)

Hypericum japonicum Thunb. *ex* Murray

別名 向天盞、七寸金、鐵釣竿、田基癀。

藥用 全草味辛、苦，性平，有小毒。能清熱利濕、散瘀消腫、止痛，治肝炎、腸癰、癰癤、目赤、口瘡、蛇蟲咬傷、燒燙傷等。

檉　柳

檉柳科 (Tamaricaceae)

Tamarix chinensis Lour.

別名 垂絲柳、西河柳、山川柳、三春柳。

藥用 根、枝葉味甘，性平。能發汗、透疹、解毒、利尿，治麻疹不透、感冒、慢性氣管炎、風濕關節痛、小便不利；外用治風疹搔癢。

胭脂樹

胭脂樹科 (Bixaceae)

Bixa orellana L.

別名 紅木、胭脂木。

藥用 根味酸、澀、甘，性平。能退熱、截瘧、解毒，治發熱、瘧疾、咽痛、黃疸、痢疾、丹毒、毒蛇咬傷、瘡瘍。(種子治肝炎、尿血)

匍菫菜

菫菜科 (Violaceae)

Viola diffusa Ging.

別名 茶匙癀、七星蓮、提膿草。

藥用 全草味苦，性寒。能清熱解毒、消腫排膿、清肺止咳、利尿、祛風，治癰腫瘡毒、蛇傷、風熱咳嗽、久咳音嘶、頓咳、肺癰、目赤、跌打、淋濁。

臺灣菫菜

菫菜科 (Violaceae)

Viola formosana Hayata

別名 臺灣茶匙癀、茶匙癀、紅含殼草。

藥用 全草味苦，性寒。能健脾開胃、祛風止咳、活血通經，治小兒食慾不振、感冒、咳嗽、痛經、帶下、腹痛下痢、風濕病等。

魯花樹

大風子科 (Flacourtiaceae)

Scolopia oldhamii Hance

別名 俄氏莿柊、有刺赤蘭、紅牛港刺。

藥用 全株味苦、澀，性涼。能消腫止痛、活血化瘀，治跌打損傷、骨折、風濕骨痛、癰腫等。

西番蓮

西番蓮科 (Passifloraceae)

Passiflora edulis Sims

別名 百香果、時計果、時鐘瓜。

藥用 (1) 果實味甘、酸，性平。能清熱解毒、鎮痛安神、和血止痛，治痢疾、痛經、失眠等。(2) 根可治關節炎、骨膜炎。

毛西番蓮

西番蓮科 (Passifloraceae)

Passiflora foetida L. var. *hispida* (DC. *ex* Triana & Planch.) Killip

別名 龍珠果、龍爪珠、毛蛉兒。

藥用 (1)全株味甘、微苦，性涼。能清熱、解毒、利水，治肺熱咳嗽、浮腫。(2)果實能潤肺、止痛，治疥瘡、無名腫毒。

番木瓜

番木瓜科 (Caricaceae)

Carica papaya L.

別名 木瓜。

藥用 果味甘，性平。能消食驅蟲、消腫、通乳、降壓，治消化不良、蟯蟲病、癰癤腫毒、跌打、濕疹、產婦乳少、高血壓、二便不暢。

圓果秋海棠

秋海棠科 (Begoniaceae)

Begonia aptera Blume

別名 漿果秋海棠。(果實為漿果狀蒴果)

藥用 根味酸、澀，性涼。能清熱止咳、散瘀消腫，治肺熱咳嗽、外感發熱、慢性支氣管炎、扁桃腺炎、頓咳、無名腫毒、跌打損傷。

巒大秋海棠

秋海棠科 (Begoniaceae)

Begonia laciniata Roxb.

別名 秋海棠。

藥用 全草味酸，性涼。能清熱解毒、散結消腫、生津止渴，治瘡癤、跌打腫痛、津少口渴等。

編語 本植物的地上莖略被褐色絨毛。

四季秋海棠

秋海棠科 (Begoniaceae)

Begonia semperflorens Link & Otto.

別名 洋秋海棠、四季海棠。

藥用 (1) 全草味酸，性涼。能清熱解毒、散結消腫，治瘡癬。(2) 花、葉味苦，性涼。能清熱解毒，治瘡癬。

仙人球

仙人掌科 (Cactaceae)

Echinopsis multiplex Preiff. & Otto

別名 八卦癀、刺球。

藥用 莖味甘、淡，性平。能解高熱，治腦膜炎、發燒等。

曇　花

仙人掌科 (Cactaceae)

Epiphyllum oxypetalum (DC.) Haw.

別名 鳳花、瓊花、月下美人。

藥用 花味甘，性平。能清肺、止咳、化痰、止血，治支氣管過敏、肺癆、咳嗽、咯血、高血壓、崩漏。（莖能清熱解毒，治咽喉腫痛）

火龍果

仙人掌科 (Cactaceae)

Hylocereus undatus (Haw.) Br. & Rose.

別名 三角柱仙人掌、霸王花、劍花。

藥用 (1) 花味甘、淡，性涼。能清熱、潤肺、止咳，治支氣管過敏。(2) 莖能舒筋活絡，治骨折、腮腺炎、瘡腫。

仙人掌

仙人掌科 (Cactaceae)

Opuntia dillenii (Ker-Gawl.) Haw.

別名 仙巴掌、霸王樹、火掌。

藥用 全株味苦，性寒。能行氣活血、清熱解毒、消腫止痛、健胃鎮咳，治胃痛、痢疾、咳嗽等；外用治腮腺炎、癰癤腫毒、燒燙傷。

南嶺蕘花

瑞香科 (Thymelaeaceae)

Wikstroemia indica C. A. Mey.

別名 了哥王、埔銀、賊仔褲帶。

藥用 莖、葉味苦，性寒，有毒。能清熱解毒、消腫散結、止痛、抗癌，治跌打損傷、腫瘤、瘰癧等。

椬　梧

胡頹子科 (Elaeagnaceae)

Elaeagnus oldhamii Maxim.

別名 福建胡頹子、鍋底刺、雞叩頭。

藥用 粗莖及根味酸、澀，性平。能祛風濕、下氣定喘、固腎轉骨，治腎虧腰痛、泄瀉、胃痛、風濕疼痛、哮喘、盜汗、遺精、跌打。

紫　薇

千屈菜科 (Lythraceae)

Lagerstroemia indica L.

別名 猴不爬、滿堂紅、癢癢樹、紫荊花。

藥用 根、樹皮味微苦、澀，性平。能活血止血、解毒消腫，治各種出血、骨折、乳癰、濕疹、肝炎、肝硬化、臌脹等。

大花紫薇

千屈菜科 (Lythraceae)

Lagerstroemia speciosa (L.) Pers.

別名 大果紫薇、大葉紫薇、百日紅。

藥用 (1) 根味苦、澀，性平。能收斂、降血糖，治癰瘡腫毒、糖尿病等。(2) 樹皮、葉能止瀉。(3) 種子具麻醉作用。

水豬母乳

千屈菜科 (Lythraceae)

Rotala rotundifolia (Wallich *ex* Roxb.) Koehne

別名 水莧菜、水泉。

藥用 全草味甘、淡，性涼。能清熱解毒、健脾利濕、消腫，治肺熱咳嗽、痢疾、黃疸、小便淋痛等；外用治癰癤腫毒。

安石榴

安石榴科 (Punicaceae)

Punica granatum L.

別名 石榴、紅石榴、謝榴、榭榴。

藥用 (1) 果皮味酸、澀，性溫。能澀腸、止血、驅蟲，治久瀉、便血、蟲積腹痛。(2) 根味苦、澀，性溫。能殺蟲、止瀉、止帶，治蛔蟲寄生、帶下。

水筆仔

紅樹科 (Rhizophoraceae)

Kandelia candel (L.) Druce

別名 加藤樹、秋茄樹、紅海茄冬、紅欖。

藥用 樹皮含豐富的鞣質成分，具有良好的收斂作用。

旱　蓮

喜樹（旱蓮）科 (Nyssaceae)

Camptotheca acuminata Decne.

別名 喜樹、野芭蕉、千張樹、水桐樹。

藥用 全株味苦、澀，性涼。葉能抗癌、清熱、殺蟲、止癢，治胃癌、結腸癌、直腸癌、膀胱癌、白血病等；外用治牛皮癬。

華八角楓

八角楓科 (Alangiaceae)

Alangium chinense (Lour.) Rehder

別名 八角楓、華瓜木、白龍鬚、五角楓。

藥用 根、鬚根、根皮味辛，性微溫，有毒，鬚根毒更甚。能祛風除濕、散瘀鎮痛，治風濕、跌打、風寒感冒、骨折勞傷、咳嗽、月經不調、經閉。

使君子

使君子科 (Combretaceae)

Quisqualis indica L.

別名 山羊屎、色乾子、留求子。

藥用 (1) 果實味甘，性溫，有小毒。能殺蟲、消積，治蛔蟲腹痛、小兒疳積。(2) 根及莖能殺蟲、健脾、去濕、止咳，治咳嗽、蛔蟲病、呃逆、胃腸虛弱、風濕。

檸檬桉

桃金孃科 (Myrtaceae)

Eucalyptus citriodora Hook.

別名 油桉樹、檸檬、香桉樹。

藥用 (1) 葉味苦，性溫。能消腫散毒，治腹瀉；外用洗皮膚諸病。(2) 果實味辛、苦，性溫。能祛風解表、散寒止痛，治風寒感冒、腹痛。

白千層

桃金孃科 (Myrtaceae)

Melaleuca leucadendra L.

別名 脫皮樹、千層皮、玉樹。

藥用 葉味辛，性微溫。能解表、祛風、止痛，治牙痛、風濕痛、神經痛、泄瀉、腹痛等；外用治過敏性皮膚炎、濕疹。

番石榴

桃金孃科 (Myrtaceae)

Psidium guajava L.

別名 那拔、拔仔、芭樂。

藥用 葉、果實味甘、澀，性平。能收斂、止瀉、止血、驅蟲，治痢疾、泄瀉、糖尿病、小兒消化不良等。（根為制慾劑）。

桃金孃

桃金孃科 (Myrtaceae)

Rhodomyrtus tomentosa (Ait.) Hassk.

別名 山棯、水刀蓮、紅棯、哆哖仔。

藥用 根味甘、澀，性平。能收斂止瀉、祛風活絡、補血安神、止痛止血，治吐瀉、胃痛、消化不良、肝炎、痢疾、風濕、腰肌勞損、崩漏、脫肛。

小葉赤楠

桃金孃科 (Myrtaceae)

Syzygium buxifolium Hook. & Arn.

別名 山烏珠、（小號）犁頭樹、番仔掃箒。

藥用 根或根皮、葉味甘，性平。能清熱解毒、利水平喘，治浮腫、哮喘、燒燙傷、癰腫瘡毒、漆瘡等。

蓮　霧

桃金孃科 (Myrtaceae)

Syzygium samarangense (Bl.) Merr. & Perry

別名 爪哇蒲桃、大蒲桃、洋蒲桃。

藥用 (1) 樹皮味苦，性寒。煎汁治鵝口瘡。(2) 根為利尿劑，外用治皮膚癢。(3) 果實、葉及種子為解熱。

柏拉木

野牡丹科 (Melastomataceae)

Blastus cochinchinensis Lour.

別名 黃金梢、山甜娘、崩瘡藥。

藥用 根味澀、微酸，性平。能收斂止血、消腫解毒，治產後流血不止、月經過多、泄瀉、跌打損傷、外傷出血、瘡瘍潰爛等。

野牡丹

野牡丹科 (Melastomataceae)

Melastoma candidum D. Don

別名 王不留行、山石榴、九螺仔花。

藥用 粗莖及根味苦、澀，性平。能清熱解毒、利濕消腫、散瘀止血、活血止痛，治食積、泄痢、肝炎、跌打、崩漏、產後腹痛、乳汁不下。

白花水龍

柳葉菜科 (Onagraceae)

Ludwigia adscendens (L.) Hara

別名 水龍、過塘蛇、過江藤、過溝龍。

藥用 全草味苦、微甘，性寒。能清熱解毒、涼血、利尿消腫，治感冒發燒、燥熱咳嗽、風火牙痛、癰腫疔瘡、丹毒、麻疹、淋濁、筋骨疼痛、水腫、乳癰。

裂葉月見草

柳葉菜科 (Onagraceae)

Oenothera laciniata J. Hill

別名 美國月見草、待宵草、晚櫻草。

藥用 根味甘，性溫。能祛風除濕、強筋壯骨，專治風濕筋骨痛。(本屬植物大多數只在夜晚開花、白天凋謝，所以又名「Evening Primrose」)

三葉五加

五加科 (Araliaceae)

Eleutherococcus trifoliatus (L.) S. Y. Hu

別名 三加、烏子仔草、刺三甲。

藥用 (1)根或根皮味苦、辛，性涼。能清熱解毒、祛風除濕、舒筋活血，治風濕、跌打。(2)嫩枝葉味苦、辛，性微寒。能消腫解毒，治胃痛、疔瘡。

鵝掌藤

五加科 (Araliaceae)

Schefflera arboricola (Hayata) Kanehira

別名 江某松、狗腳蹄。

藥用 莖及葉味苦、甘，性溫。能止痛、散瘀、消腫，治風濕痺痛、頭痛、牙痛、脘腹疼痛、經痛、產後腹痛、跌打腫痛、骨折、瘡腫等。

鵝掌柴

五加科 (Araliaceae)

Schefflera octophylla (Lour.) Harms

別名 鴨腳木、江某(公母)、野麻瓜。

藥用 全株味苦，性涼。(1)根能散熱、消腫，治跌打。(2)根皮及樹皮能發汗解表、祛風除濕、舒筋活絡、消腫散瘀，治感冒發熱、風濕、跌打。

通脫木

五加科 (Araliaceae)

Tetrapanax papyriferus (Hook.) K. Koch

別名 花草、通草、蓪草。

藥用 莖髓味甘、淡，性微寒。能清熱、利尿、通乳，治水腫、小便淋痛、尿頻、黃疸、濕溫病、帶下、經閉、乳汁較少或不下。

日本當歸

繖形科 (Umbelliferae)

Angelica acutiloba (Sieb. & Zucc.) Kitagawa

別名 大和當歸、當歸、延邊當歸、東當歸。

藥用 根味甘、辛，性溫。能調經止痛、潤燥滑腸、補血活血，治月經不調、經痛、腰痛、崩漏、經閉、產後腹痛、腸燥便秘。

雷公根

繖形科 (Umbelliferae)

Centella asiatica (L.) Urban

別名 積雪草、老公根、含殼仔草。

藥用 全草味苦、辛，性寒，有小毒。能消炎解毒、涼血生津、清熱利濕、止瀉，治肝炎、麻疹、感冒、喉痛、石淋、腹瀉、跌打。

臺灣芎藭

繖形科 (Umbelliferae)

Cnidium monnieri (L.) Gusson var. *formosanum* (Yabe) Kitagawa

別名 臺灣蛇床、嘉義野蘿蔔、野芫荽。

藥用 (1) 全草有強壯之效，治衰弱性腰骨神經痛、陰萎等。(2) 根莖治頭痛。

鴨兒芹

繖形科 (Umbelliferae)

Cryptotaenia japonica Hassk.

別名 山芹菜。

藥用 全草味辛，性平。能發表散寒、溫肺止咳，治食積腹痛、甲狀腺腫、氣虛食少、風寒感冒咳嗽、尿閉等。

茴　香

繖形科 (Umbelliferae)

Foeniculum vulgare Mill.

別名 懷香、土茴香、野茴香。

藥用 果實(稱小茴香)味辛，性溫。能散寒止痛、理氣和胃，治痛經、小腹冷痛、食少吐瀉、睪丸偏墜、疝氣等。

臺灣天胡荽

繖形科 (Umbelliferae)

Hydrocotyle batrachium Hance

別名 遍地錦。

藥用 全草味苦、辛，性寒。能清熱、利尿、涼血、解毒，治感冒、喉痛、腎結石、腦炎、腸炎、跌打損傷等。

白頭天胡荽

繖形科 (Umbelliferae)

Hydrocotyle leucocephala Chamisso & Schlechtendal

別名 亞馬遜天胡荽、錢幣草、香菇草。

藥用 全草的甲醇萃取物含有 diacetylenes、ceramides 及 cerebrosides 三類成分，它們皆被證實具有免疫調節作用。

乞食碗

繖形科 (Umbelliferae)

Hydrocotyle nepalensis Hook.

別名 含殼錢草、紅骨蚶殼仔草、變地忽。

藥用 全草味辛、微苦，性涼。能活血止血、清肺熱、散血熱，治跌打、感冒、咳嗽痰血、泄瀉、經痛、月經不調；外敷腫毒、痔瘡。

阿里山天胡荽

繖形科 (Umbelliferae)

Hydrocotyle setulosa Hayata

別名 刺毛天胡荽。

藥用 全草味苦、辛，性寒。能解熱、利尿、解毒、涼血，治喉痛、感冒、胎毒、腎結石、跌打；外敷癰瘡、纏身蛇等皮膚病症。

天胡荽

繖形科 (Umbelliferae)

Hydrocotyle sibthorpioides Lam.

別名 遍地草、遍地錦、變地錦。

藥用 全草味苦、辛，性寒。能清熱解毒、利尿消腫，治小兒胎熱、喉痛、目翳、黃疸、赤白痢、疔瘡、跌打瘀腫等。

水芹菜

繖形科 (Umbelliferae)

Oenanthe javanica (Blume) DC.

別名 水蘄、山芥菜、細本山芹菜、野芹菜。

藥用 全草味甘、辛，性涼。能清熱、解毒、利濕、涼血，治暑熱煩渴、小便不利、黃疸、淋病、帶下病、瘰癧、痄腮、高血壓等。

杜鵑花

杜鵑（花）科 (Ericaceae)

Rhododendron simsii Planch.

別名 唐杜鵑、滿山紅、紅躑躅、清明花。

藥用 根味酸、澀，性溫，有毒。能和血止血、消腫止痛、祛風，治吐血、衄血、月經不調、崩漏、風濕、痢疾、脘腹疼痛、跌打。

凹葉越橘

杜鵑（花）科 (Ericaceae)

Vaccinium emarginatum Hayata

別名 葉越橘、凹葉巖桃、老鼠連珠。

藥用 (1) 根瘤塊能滋養、強壯、收斂，治風濕疼痛、腰腳酸軟、虛弱無力、尿道炎。(2) 葉能利濕、解毒，治膀胱炎、風濕關節炎、尿道炎。

樹　杞

紫金牛科 (Myrsinaceae)

Ardisia sieboldii Miq.

別名 白無常。

藥用 根味苦、辛，性平。能消炎、止痛，治創傷。

藤毛木槲

紫金牛科 (Myrsinaceae)

Embelia laeta (L.) Mez var. *papilligera* (Nakai) Walker

別名 酸藤果、甜酸菜。

藥用 根及枝葉味酸、澀，性涼。能清熱解毒、散瘀止血，治咽喉腫痛、齒齦出血、痢疾、泄瀉、瘡癤潰瘍、皮膚搔癢、痔瘡腫痛、跌打瘀血。

賽山椒

紫金牛科 (Myrsinaceae)

Embelia lenticellata Hayata

別名 紅果藤。

藥用 根及莖能清熱、解毒、散瘀、止血，治咽喉腫痛、齒齦出血、瘡癤潰瘍、皮膚搔癢、跌打瘀血等。

臺灣山桂花

紫金牛科 (Myrsinaceae)

Maesa perlaria (Lour.) Merr. var. *formosana* (Mez) Y. P. Yang

別名 九切茶、山桂花、六角草、鯽魚膽。

藥用 根味苦，性平。治赤痢。

海　綠

報春花（櫻草）科 (Primulaceae)

Anagalis arvensis L.

別名 琉璃繁縷、藍繁縷、火金姑。

藥用 全草味苦、酸、澀，性平。能祛風散寒、活血解毒，治瘡瘍、鶴膝風、毒蛇及狂犬咬傷。

過路黃

報春花（櫻草）科 (Primulaceae)

Lysimachia christinae Hance

別名 金錢草。

藥用 全草味甘、鹹，性微寒。能利濕退黃、清熱解毒、利尿排石，治熱淋、石淋、肝膽結石、濕熱黃疸、瘡瘍腫毒、蛇蟲咬傷、燙傷等。

小　茄

報春花（櫻草）科 (Primulaceae)

Lysimachia japonica Thunb.

別名 似茄排草、小寸金黃。

藥用 全草味甘、辛，性溫。能散瘀、接骨、消腫，治跌打瘀腫、骨折。

人心果

山欖科 (Sapotaceae)

Manilkara zapota (L.) van Royen

別名 吳鳳柿、牛心梨。

藥用 (1) 樹皮味甘、淡，性平。可治胃痛、泄瀉、乳蛾等。(2) 果實可治胃脘痛。

牛油果

山欖科 (Sapotaceae)

Mimusops elengi L.

別名 猿喜果、牛乳木、伊朗硬膠樹。

藥用 根具甜味、酸味。能壯陽、利尿、收澀腸道，及治療因性行為遭感染之淋病，或作漱口液以加強牙齦保健。

毛　柿

柿樹科 (Ebenaceae)

Diospyros discolor Willd.

別名 臺灣黑檀、烏木、臺灣柿、異色柿。

藥用 果實成熟後，除去皮毛可食，但味道不佳，具清熱利濕之效。

流蘇樹

木犀科 (Oleaceae)

Chionanthus retusus Lindl. & Paxt.

別名 牛筋條、白花茶、炭栗樹。

藥用 葉味甘、微苦，性平。能清熱、止瀉。(芽、葉可代茶用，具清暑功能)

日本女貞

木犀科 (Oleaceae)

Ligustrum liukiuense Koidz.

別名 女貞木、冬青木、東女貞。

藥用 葉味苦、微甘，性涼。能清熱、止瀉，治頭目眩暈、火眼、口疳、無名腫毒、燙傷。(芽及葉可代茶用，有消暑作用)

小蠟樹

木犀科 (Oleaceae)

Ligustrum sinense Lour.

別名 小實女貞、毛女貞、指甲花、水黃楊。

藥用 樹皮及枝葉味苦，性涼。能清熱利濕、解毒消腫，治感冒發熱、肺熱咳嗽、喉痛、口舌生瘡、濕熱黃疸、痢疾、癰腫瘡毒、濕疹、皮膚炎、跌打、燙傷。

桂　花

木犀科 (Oleaceae)

Osmanthus fragrans Lour.

別名 木犀、銀桂、嚴桂、丹桂。

藥用 (1) 根味辛、甘，性溫。能行氣、止痛，治胃痛、牙痛、筋骨疼痛。(2) 花味辛，性溫。能化痰、散瘀，治痰飲喘咳、牙痛、口臭。

巒大當藥

龍膽科 (Gentianaceae)

Swertia macrosperma (C. B. Clarke) C. B. Clarke

別名 大籽當藥、大籽獐牙菜。

藥用 全草味苦，性涼。能清熱解毒、清肝利膽，治濕熱黃疸、消化不良、胃炎等。

軟枝黃蟬

夾竹桃科 (Apocynaceae)

Allamanda cathartica L.

別名 黃蟬、大花黃蟬。

藥用 全株味辛、苦，性溫，有毒。能瀉下，易引起皮膚炎，可外用治皮膚濕疹、瘡瘍腫毒、疥癬等。

小花黃蟬

夾竹桃科 (Apocynaceae)

Allamanda neriifolia Hook.

別名 叢立黃蟬、黃蟬。

藥用 全株味辛、苦，性溫，有毒。能殺蟲、墮胎。

羅布麻

夾竹桃科 (Apocynaceae)

Apocynum venetum L.

別名 紅根草、野茶葉、女兒茶、野麻。

藥用 葉味甘、微苦，性涼。能清熱平肝、利水消腫，治高血壓、眩暈、頭痛、心悸、失眠、水腫尿少。煎湯內服：5～10公克；或泡茶。

長春花

夾竹桃科 (Apocynaceae)

Catharanthus roseus (L.) Don

別名 日日春、雁來紅、四時春。

藥用 全株味微苦，性涼，有毒。能抗癌、鎮靜、止痛、平肝，治白血病、肺癌、絨毛膜上皮癌、高血壓、坐骨神經痛等。

海檬果

夾竹桃科 (Apocynaceae)

Cerbera manghas L.

別名 山樣仔、猴歡喜。

藥用 (1) 全草味微苦，性涼，有大毒。能鎮靜安神、平肝降壓、抗癌，治高血壓、白血病、肺癌、淋巴腫瘤等。(2) 種子可作外科膏藥或麻醉藥。

酸　藤

夾竹桃科 (Apocynaceae)

Ecdysanthera rosea Hook. & Arn.

別名 白椿根、白漿藤。

藥用 全株味酸、微澀，性涼。能清熱解毒、利濕化滯、消腫止痛，治喉痛、口腔破潰、牙齦炎、慢性腎炎、食滯脹滿、癰腫瘡毒、風濕骨痛、跌打。

紅花緬梔

夾竹桃科 (Apocynaceae)

Plumeria rubra L.

別名 雞蛋花、緬梔、大季花。

藥用 全株有毒。(1) 樹皮治淋病。(2) 葉片搗敷瘀傷潰瘍。(3) 乳汁治風濕。

緬　梔

夾竹桃科 (Apocynaceae)

Plumeria rubra L. var. *acutifolia* (Poir. *ex* Lam.) Bailey

別名 雞蛋花、蕃仔花、印度素馨。

藥用 花味甘，性平，有毒。能潤肺、解毒、止咳，治腸炎、消化不良、小兒疳積、傳染性肝炎、支氣管炎、濕熱下痢、裏急後重。

四葉蘿芙木

夾竹桃科 (Apocynaceae)

Rauvolfia tetraphylla L.

別名 異葉蘿芙木。

藥用 樹汁能催吐、瀉下、祛痰、利尿、消腫，治咽喉腫痛。

黃花夾竹桃

夾竹桃科 (Apocynaceae)

Thevetia peruviana (Pers.) Schum.

別名 夾竹桃、番仔桃、酒杯花、臺灣柳。

藥用 果仁味辛、苦，性溫，有大毒。能強心、利尿、消腫，治心臟衰竭(CHF)、心動過速、陣發性心房纖維顫動等。

細梗絡石

夾竹桃科 (Apocynaceae)

Trachelospermum gracilipes Hook. f.

別名 細梗白花藤、絡石、爬山虎。

藥用 （帶葉）藤莖味苦、辛，性微寒。能祛風、通絡、止血、消瘀，治風濕痺痛、筋脈拘攣、癰腫、喉痺、吐血、跌打損傷、產後惡露不行等。

臺灣牛皮消　蘿藦科 (Asclepiadaceae)

Cynanchum formosanum (Maxim.) Hemsl. *ex* Forbes & Hemsl.

別名 臺灣白薇。

藥用 根及根狀莖味苦、鹹，性寒。專治咳嗽。

武靴藤　蘿藦科 (Asclepiadaceae)

Gymnema sylvestre (Retz.) Schult.

別名 羊角藤。

藥用 根及粗莖味苦，性平。能消腫、止痛、清熱、涼血、生肌、止渴，治糖尿病；外用治多發性膿腫、深部膿瘍、乳腺炎、癰瘡腫毒、槍傷等。

臺灣醉魂藤　蘿藦科 (Asclepiadaceae)

Heterostemma brownii Hayata

別名 醉魂藤、奶汁藤、布朗藤（音譯）。

藥用 全草能祛風、除濕、解毒，治風濕腳氣、關節炎、胎毒、瘧疾、蟲螫傷等。

毬　蘭　蘿藦科 (Asclepiadaceae)

Hoya carnosa (L. f.) R. Br.

別名 繡球花藤、石壁癀、石壁梅、玉蝶梅。

藥用 全株味苦，性平，有小毒。能清熱解毒、祛風除濕、消腫止痛、通經下乳、化痰止咳，治肺熱咳嗽、睪丸炎、中耳炎、乳腺炎、癰腫、產婦乳少。

菟　絲

旋花科 (Convolvulaceae)

Cuscuta australis R. Br.

別名 豆虎、無根草、無娘藤、澳洲菟絲。

藥用 種子味辛、甘，性平。能補腎益精、養肝明目、固胎止泄，治腰膝酸痛、遺精、陽萎、不育、消渴、淋濁、遺尿、目昏耳鳴、胎動不安、流產。

馬蹄金

旋花科 (Convolvulaceae)

Dichondra micrantha Urban

別名 （馬）茶金、金錢草、黃疸草。

藥用 全草味苦、辛，性平。能清熱解毒、利濕消腫、止血生肌，治小兒高燒不退、疝氣、黃疸腹脹、高血壓、結石淋痛、跌打。

空心菜

旋花科 (Convolvulaceae)

Ipomoea aquatica Forsk.

別名 甕菜、草菜、應菜、蕹菜。

藥用 全草味辛、淡，性涼。能清熱、解毒、止血，治乳癰、牙痛、瘡痛、痔漏、尿血、便秘、淋濁、癰腫、折傷、食物中毒等。

五爪金龍

旋花科 (Convolvulaceae)

Ipomoea cairica (L.) Sweet

別名 碗公花、番仔藤、槭葉牽牛花。

藥用 莖葉味甘，性寒，有毒。能清熱解毒、利水通淋、止咳、止血，治癰疽腫毒、肺熱咳嗽、尿血、淋症、水腫、小便不利等。

滿福木

紫草科 (Boraginaceae)

Carmona retusa (Vahl) Masam.

別名 小葉厚殼樹、福滿木、福建茶、基及樹。

藥用 全株味微苦、澀，性平。能止咳、止血，治咳嗽、吐血等。

康復力

紫草科 (Boraginaceae)

Symphytum officinale L.

別名 康富力、康富利。

藥用 全草味苦，性涼。能補血、止瀉、防癌，治高血壓、出血、白血病、瀉痢。(本品取「健康恢復體力」之意，富含維生素 B_{12})

白水木

紫草科 (Boraginaceae)

Tournefortia argentea L. f.

別名 (白)水草、山埔姜、銀丹、砂引草。

藥用 (1) 根及莖能清熱、利尿、解毒，治風濕骨痛。(2) 葉能消腫、解毒，治魚類或貝類中毒。

藤紫丹

紫草科 (Boraginaceae)

Tournefortia sarmentosa Lam.

別名 倒爬麒麟、清飯藤、冷飯藤。

藥用 莖味苦、辛，性溫。能活血、祛風、解毒、消腫，治筋骨酸痛、潰爛、創傷出血、心臟無力、氣虛頭痛、白濁、白帶、帶狀疱疹。

海茄冬

馬鞭草科 (Verbenaceae)

Avicennia marina (Forsk.) Vierh.

別名 海茄打、海茄藤、茄萣樹、海茄萣。

藥用 全草味苦，性涼。(1) 果實治痢疾。(2) 樹皮含鞣質，為收斂劑。(3) 未熟果煎汁，防痘，並使膿潰。(4) 根治腰酸背痛。

杜虹花

馬鞭草科 (Verbenaceae)

Callicarpa formosana Rolfe

別名 粗糠仔、白粗糠、臺灣紫珠。

藥用 根及粗莖（藥材稱粗糠仔或白粗糠）能補腎滋水、清血去瘀，治風濕、手腳酸軟無力、下消、白帶、咽喉腫痛、神經痛等。

鬼紫珠

馬鞭草科 (Verbenaceae)

Callicarpa kochiana Makino

別名 黃毛紫珠、長葉紫珠、枇杷葉紫珠。

藥用 根味苦、澀，性涼。能清熱除濕、活血止血、收斂，治咳嗽、頭痛、外傷出血、風濕痺痛、胃出血等。

化石樹

馬鞭草科 (Verbenaceae)

Clerodendrum calamitosum L.

別名 結石樹。

藥用 枝、葉味苦，性寒，有小毒。能利尿，治膀胱結石、腎結石。

龍船花

馬鞭草科 (Verbenaceae)

Clerodendrum kaempferi (Jacq.) Siebold *ex* Steud.

別名 圓錐大青、蛇瘡花。

藥用 根及莖味苦，性寒。能調經、理氣，治月經不調、赤白帶下、淋病、腰酸背痛、糖尿病等。

白龍船花

馬鞭草科 (Verbenaceae)

Clerodendrum paniculatum L. var. *albiflorum* (Hemsl.) Hsieh

別名 白龍船、白起瘋花。

藥用 根及莖味苦、辛，性寒。能固腎、調經、理氣、祛風、利濕，治月經不調、赤白帶、下消、淋病、肝病、腰酸背痛、腳氣水腫、糖尿病。

龍吐珠

馬鞭草科 (Verbenaceae)

Clerodendrum thomsonae Balf. f.

別名 珍珠寶蓮、臭牡丹藤。

藥用 全草（或葉）味淡，性平。能清熱、解毒，治慢性中耳炎、跌打損傷等。

金露花

馬鞭草科 (Verbenaceae)

Duranta repens L.

別名 金露華、臺灣連翹、籬笆樹。

藥用 (1) 果實味甘、微辛，性溫，有小毒。能截瘧、活血、止痛，治瘧疾、跌打傷痛。(2) 根能止痛、止渴。(3) 葉能活血，治跌打、癰腫。

石　莧

馬鞭草科 (Verbenaceae)

Phyla nodiflora (L.) Greene

別名　鴨舌癀、鴨嘴癀、鴨嘴篦癀。

藥用　全草味酸、甘、微苦，性寒。能清熱解毒、散瘀消腫、調經理帶，治痢疾、跌打、喉痛、牙疳、癰疽、帶狀皰疹、濕疹、（女性）不孕症。

臭娘子

馬鞭草科 (Verbenaceae)

Premna serratifolia L.

別名　腐婢、牛骨仔、牛骨仔樹、厚樹仔。

藥用　根味苦、辛，性寒。能清熱、解毒，治瘧疾、小兒夏季熱、風濕痺痛、跌打損傷等。

長穗木

馬鞭草科 (Verbenaceae)

Stachytarpheta jamaicensis (L.) Vahl

別名　玉龍鞭、木馬鞭、藍蝶猿尾木。

藥用　全草味甘、苦，性寒。能利濕化瘀、清熱解毒，治淋病、風濕筋骨痛、喉痛、目赤腫痛、牙齦炎、膽囊炎、癰癤、痔瘡、跌打腫痛。

柚　木

馬鞭草科 (Verbenaceae)

Tectona grandis L. f.

別名　血樹、麻栗、脂樹、紫油木。

藥用　(1) 木材味苦，性寒。能止咳、健胃，洗皮膚病。(2) 葉能墮胎、止渴，治糖尿病。

馬鞭草

馬鞭草科 (Verbenaceae)

Verbena officinalis L.

別名 鐵馬邊、鐵釣竿、白馬鞭、瘧馬鞭。

藥用 全草味苦、辛，性微寒。能截瘧殺蟲、活血散瘀、利尿消腫，治感冒發熱、牙齦腫痛、黃疸、癰腫、喉痛、腹水、煩渴、痛經、癥瘕。

黃　荊

馬鞭草科 (Verbenaceae)

Vitex negundo L.

別名 埔姜仔、不驚茶、牡荊。

藥用 根、莖、葉味苦，性平。能清熱止咳、化痰截瘧，治咳嗽痰喘、瘧疾、肝炎等。

單葉蔓荊

馬鞭草科 (Verbenaceae)

Vitex rotundifolia L. f.

別名 海埔姜、白埔姜、蔓荊。

藥用 果實（藥材稱蔓荊子）味苦、辛，性涼。能疏散風熱、清利頭目，治風熱感冒、頭痛、齒齦腫痛、目赤多淚、頭暈目眩。

三葉蔓荊

馬鞭草科 (Verbenaceae)

Vitex trifolia L.

別名 蔓荊、海埔姜、白布荊、白背風。

藥用 果實味辛、苦，性微寒。能疏散風熱、清利頭目，治風熱感冒、頭痛、齒齦腫痛、目赤多淚、頭暈目眩等。

網果筋骨草

唇形科 (Labiatae)

Ajuga dictyocarpa Hayata

別名 禿筋骨草、白尾蜈蚣、網果散血草。

藥用 全草味苦，性寒。能消炎、涼血、接骨，治風熱咳喘、喉痛、膽囊炎、肝炎、痔瘡、腫瘤、鼻衄、牙痛、目赤腫痛、蛋白尿、產後瘀血等。

日本筋骨草

唇形科 (Labiatae)

Ajuga nipponensis Makino

別名 白尾蜈蚣、白毛夏枯草、日本散血草。

藥用 全草味苦，性寒。能消炎、涼血、接骨，治風熱咳喘、喉痛、膽囊炎、肝炎、痔瘡、腫瘤、鼻衄、牙痛、目赤腫痛、蛋白尿、產後瘀血等。

臺灣筋骨草

唇形科 (Labiatae)

Ajuga taiwanensis Nakai *ex* Murata

別名 有苞筋骨草、散血草、白尾蜈蚣。

藥用 全草味苦，性寒。能清熱解毒、涼血止血，治感冒、支氣管炎、扁桃腺炎、腮腺炎、赤白痢疾、外傷出血等。

魚針草

唇形科 (Labiatae)

Anisomeles indica (L.) Kuntze

別名 客人抹草、避邪草、抹草、希尖草。

藥用 全草味辛、苦，性平。能祛風濕、消瘡毒、解熱、健胃、解毒、止痛，治感冒發熱、腹痛、嘔吐、風濕骨痛、濕疹、腫毒、瘡瘍、痔瘡、毒蛇咬傷。

金錢薄荷

脣形科 (Labiatae)

Glechoma hederacea L. var. *grandis* (A. Gray) Kudo

別名 金錢草、大馬蹄草、虎咬癀。

藥用 全草味辛、苦，性涼。能利尿解熱、消腫止痛、祛風止咳、行血，治感冒、腹痛、跌打、膀胱結石、咳嗽、頭風、惡瘡腫毒。

白有骨消

脣形科 (Labiatae)

Hyptis rhomboides Mart. &. Gal.

別名 頭花香苦草、頭花假走馬風。

藥用 (1) 全草味淡，性涼。能除濕、消滯、消腫、解熱、止血，治感冒、肺疾、中暑、氣喘、淋病。(2) 莖及葉搗敷癰腫，治肝炎。

山　香

脣形科 (Labiatae)

Hyptis suaveolens (L.) Poir.

別名 香苦草、假走馬風、狗母蘇、毛老虎。

藥用 全草味苦、辛，性平。能疏風散瘀、行氣利濕、解毒止痛，治感冒頭痛、胃腸脹氣、風濕骨痛；外用治跌打、創傷出血、癰腫瘡毒、蟲蛇咬傷、皮膚炎。（粗莖及根入藥，稱臭獻頭）

白花益母草

脣形科 (Labiatae)

Leonurus sibiricus L. forma *albiflora* (Miq.) Hsieh

別名 益母草、茺蔚、益母蒿。

藥用 全草味苦、辛，性微寒。能活血調經、利尿消腫，治月經不調、經痛、閉經、產後瘀血腹痛、腎炎水腫、小便不利、尿血等；外用治瘡瘍腫毒。

皺葉薄荷

脣形科 (Labiatae)

Mentha crispata Schrad. *ex* Willd.

別名 薄荷、皺葉留蘭香。

藥用 全草味辛，性涼。能疏風、散熱、解毒，治外感風熱、頭痛、目赤、咽喉腫痛、食滯氣脹、牙痛。

仙　草

脣形科 (Labiatae)

Mesona chinensis Benth.

別名 仙草舅、仙人凍、涼粉草。

藥用 全草味甘，性涼。能清熱、解渴、涼血、解暑、降血壓，治中暑、感冒、肌肉痛、關節痛、高血壓、淋病、腎臟病、臟腑熱病、糖尿病。

九層塔

脣形科 (Labiatae)

Ocimum basilicum L.

別名 羅勒、千層塔、香草。

藥用 粗莖及根味辛，性溫。能祛風濕、發汗、健脾、散瘀、行氣，治風寒感冒、頭痛、消化不良、胃痛、跌打、小兒發育不良。

七層塔

脣形科 (Labiatae)

Ocimum gratissimum L.

別名 東印度羅勒、丁香羅勒、美羅勒。

藥用 (1)全草味辛，性溫。能抗癌，治風濕背痛、肝硬化、肝癌。(2)葉能發汗，治感冒、咳嗽、蛇傷、腹瀉、痤瘡、癩疥。葉汁治眼疼。

臺灣野薄荷

脣形科 (Labiatae)

Origanum vulgare L.

別名 野薄荷。

藥用 全草味辛，性涼。能止痛、平喘，治頭痛、哮喘。（本圖攝於合歡山）

紫　蘇

脣形科 (Labiatae)

Perilla frutescens (L.) Britt. var. *crispa* Decne. *ex* L. H. Bailey f. *purpurea* Makino

別名 蘇、赤蘇、桂荏、蛙蘇。

藥用 全草味辛，性溫。能發表散寒、下氣消痰、理氣疏鬱、安胎，治感冒、咳嗽、咳逆、痰喘、氣鬱、食滯、胎氣不和。

到手香

脣形科 (Labiatae)

Plectranthus amboinicus (Lour.) Spreng.

別名 著手香、左手香。

藥用 地上部分味辛，性微溫。能芳香化濁、開胃止嘔、發表解暑，治濕濁中阻、脘痞嘔吐、暑濕倦怠、胸悶不舒、腹痛吐瀉；外用治手足癬。

臺灣刺蕊草

脣形科 (Labiatae)

Pogostemon formosanus Oliv.

別名 本藿香、尖尾鳳、節節紅。

藥用 全草味辛、微苦，性平。能化濁利濕、開胃止嘔、解表解暑，治食慾不振、腹脹、腹痛、暑濕感冒、過敏性鼻炎、濕痰咳嗽、毒蛇咬傷。

水虎尾

脣形科 (Labiatae)

Pogostemon stellatus (Lour.) Kuntze

別名 水虎尾草。

藥用 全草味辛，性平，有小毒。能行氣止痛、散血毒、散瘀消腫，治毒蛇咬傷、瘡癰腫毒、濕疹、跌打瘀腫、皮膚紅腫。

夏枯草

脣形科 (Labiatae)

Prunella vulgaris L. var. *asiatica* (Nakai) Hara

別名 大本夏枯草、大頭花。

藥用 果穗味苦、辛，性寒。能清肝、散結、消腫，治目赤腫痛、目珠夜痛、頭痛眩暈、瘰癧、癭瘤、乳癰腫痛、乳腺增生症、高血壓。

節毛鼠尾草

脣形科 (Labiatae)

Salvia plebeia R. Br.

別名 七層塔草、荔枝草、賴斷頭草。

藥用 地上部分味苦、辛，性涼。能清熱、解毒、利尿，治咽喉腫痛、癰腫瘡毒、乳癰、痔瘡、咳嗽痰喘、咳血、吐血、水腫腹脹、跌打。

半枝蓮

脣形科 (Labiatae)

Scutellaria barbata D. Don

別名 向天盞、牙刷草、並頭草。

藥用 全草味辛，性平。能清熱解毒、活血祛瘀、消腫止痛、抗癌，治吐血、黃疸、癌症、跌打、毒蛇咬傷等。

大花曼陀羅

茄科 (Solanaceae)

Brugmansia suaveolens (Willd.) Bercht. & Presl

別名 白花曼陀羅、曼陀羅、醉魂藤。

藥用 葉或花味苦、辛，性溫，有毒。能止痛、解毒、抗癌、生肌，治氣喘、腫瘤等；外用治傷口潰爛不癒。

夜來香

茄科 (Solanaceae)

Cestrum nocturum L.

別名 夜香花、夜丁香、木本夜來香。

藥用 葉味苦，性涼。能清熱、消腫；外用治乳癰、癰瘡等。

枸　杞

茄科 (Solanaceae)

Lycium chinense Mill.

別名 地仙公、地骨（皮）、枸棘子、甜菜子。

藥用 (1) 成熟果實味甘，性平。能滋腎、潤肺、補肝、明目，治肝腎陰虛、腰膝酸軟、消渴、遺精。(2) 根皮味甘，性寒。能清熱、涼血，治肺熱咳嗽、高血壓。

野番茄

茄科 (Solanaceae)

Lycopersicon esculentum Mill. var. *cerasiforme* (Dunal) A. Gray

別名 小蕃茄、櫻桃小番茄。

藥用 果實味酸、甘，性寒。能生津止渴、健胃消食，治口渴、食慾不振、高血壓等。（本種的果實直徑小於 2 公分，可與原種番茄區別）

苦　蘵

茄科 (Solanaceae)

Physalis angulata L.

別名 燈籠草、(豎叢)炮仔草、蝶仔草。

藥用 (1) 全草味酸、苦，性寒。能清熱解毒、消腫散結，治喉痛、牙齦腫痛、肝炎、菌痢。(2) 根味苦，性寒，有毒。能利尿通淋，治水腫。

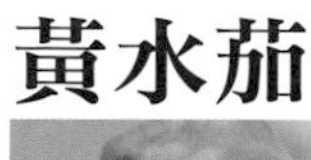

黃水茄

茄科 (Solanaceae)

Solanum incanum L.

別名 野茄。

藥用 全草或果實味苦，性涼。能解毒、祛風、止痛、清熱、消炎，治頭痛、牙痛、喉痛、胃痛、肝炎、肝硬化、淋巴腺炎、鼻竇炎、風濕疼痛。

珊瑚櫻

茄科 (Solanaceae)

Solanum pseudocapsicum L.

別名 (毛)冬珊瑚、紅珊瑚、玉珊瑚。

藥用 根味鹹、微苦，性溫，有毒。能理氣、止痛、生肌、解毒、消炎，治腰肌勞損、牙痛、水腫、瘡瘍腫毒等。

大葉石龍尾

玄參科 (Scrophulariaceae)

Limnophila rugosa (Roth) Merr.

別名 水胡椒、田香草、大葉石龍芮。

藥用 全草味辛、甘，性溫。能解表、健脾、利濕、祛風、止痛、理氣、化痰，治感冒、喉痛、肺熱咳嗽、痰喘、水腫、胸腹脹滿、風濕、濕疹。

藍豬耳

玄參科 (Scrophulariaceae)

Lindernia crustacea (L.) F. Muell.

別名 母草、四方拳草、(小葉)四方草。

藥用 全草味甘、淡，性寒。能清熱利濕、解毒消腫，治感冒、肝炎、癰瘡疔腫等。。

匍莖通泉草

玄參科 (Scrophulariaceae)

Mazus fauriei Bonati

別名 烏子草、米舅通泉草、通泉草、佛氏通泉草。

藥用 全草味甘，性涼。能止痛、健胃、解毒，治月經不調、毒蛇咬傷等。

通泉草

玄參科 (Scrophulariaceae)

Mazus pumilus (Burm. f.) Steenis

別名 白子菜、定經草、六角金英。

藥用 全草味甘、微辛，性涼。能行血調經、消食健胃、解毒消炎，治婦女經閉、高血壓、腫癰疔瘡、肝炎等。

地　黃

玄參科 (Scrophulariaceae)

Rehmannia glutinosa (Gaertn.) Libosch. *ex* Fisch. & Mey.

別名 生地、懷慶地黃、蛤蟆草。

藥用 (1) 鮮根莖味甘、苦，性寒。能清熱生津、涼血止血，治熱邪傷陰、煩渴、衄血。(2) 蒸熟根莖味甘，性微溫。能滋陰補血，治肝腎陰虛、骨蒸潮熱、耳鳴。

釘地蜈蚣

玄參科 (Scrophulariaceae)

Torenia concolor Lindl.

別名 （倒）地蜈蚣、四角銅鐘、草色蝴蝶草。

藥用 全草味苦，性涼。能清熱解毒、利濕、止咳、和胃止嘔、化瘀，治嘔吐、腹瀉、黃疸、血淋、風熱咳嗽、跌打損傷、疔毒。

新竹腹水草

玄參科 (Scrophulariaceae)

Veronicastrum axillare (Siebold & Zucc.) Yamaz. var. *simadae* (Masam.) H. Y. Liu

別名 腹水草、釣魚竿。（腹水草因治腹水病而得名）

藥用 全草能利水、行氣、去瘀、消腫、解毒，治肺熱咳嗽、目赤、水腫、淋病、腰痛、血熱、肝炎、月經不調、疔瘡腫毒、跌打、火燙傷。

梓

紫葳科 (Bignoniaceae)

Catalpa ovata G. Don

別名 木角豆、楸。

藥用 (1) 根或莖的韌皮部味苦，性寒。能清熱解毒、和胃降逆、殺蟲，治腰肌勞損、黃疸、反胃、濕疹、皮膚搔癢、瘡疥、小兒頭瘡。(2) 木材可治痛風、霍亂。

炮仗花

紫葳科 (Bignoniaceae)

Pyrostegia venusta (Ker-Gawl.) Miers

別名 黃鱔藤、炮竹花。

藥用 (1) 全株味苦、微澀，性平。能清熱、利咽喉、潤肺止咳，治肺癆、咳嗽、喉痛、肝炎、跌打、骨折。(2) 花味甘，性平。能潤肺止咳，治咳嗽。

火焰木

紫葳科 (Bignoniaceae)

Spathodea campanulata P. Beauv.

別名 火燄樹、佛焰樹。

藥用 (1) 根味苦、辛，性涼。能收斂、健胃、止瀉，治胃病、胃痛、下痢等。(2) 花治胃潰瘍。

黃鐘花

紫葳科 (Bignoniaceae)

Tecoma stans (L.) Juss. *ex* H. B. K.

別名 金鐘花。

藥用 本植物的葉或樹皮於墨西哥為知名的降血糖藥材。現代研究發現本植物可能具有降血糖、抗肝癌及乳癌細胞增生、抗氧化、抗菌等作用。

長果藤

苦苣苔科 (Gesneriaceae)

Aeschynanthus acuminatus Wall. *ex* A. DC.

別名 芒毛苣苔、白背風、石榕。

藥用 全株味甘、淡，性平。能養陰清熱、益血寧神、止咳、止痛、養肝，治身體虛弱、神經衰弱、腎虛、咳嗽、慢性肝炎、風濕關節痛、跌打損傷。

苦苣苔

苦苣苔科 (Gesneriaceae)

Conandron ramondioides Sieb. & Zucc.

別名 巖菸草、水鱉草、一張白。

藥用 全草味苦，性寒。能清熱解毒、消腫止痛、助消化、增食慾，治疔瘡、癰腫、毒蛇咬傷、跌打損傷、胃下垂、慢性胃炎等。

角桐草

苦苣苔科 (Gesneriaceae)

Hemiboea bicornuta (Hayata) Ohwi

別名 臺灣半蒴苣苔、玲瓏草。

藥用 全草味微酸、澀，性涼。能清熱、解毒、生津、止血、止咳、利尿，治傷暑、心火內傷、高血壓、癰瘡、咳嗽、風熱咳喘、骨折。

臺灣石吊蘭

苦苣苔科 (Gesneriaceae)

Lysionotus pauciflorus Maxim.

別名 石吊蘭、吊石苣苔。

藥用 全草味甘、苦、辛，性平。能清熱利濕、祛痰止咳、活血調經，治肺熱咳嗽、吐血、痢疾、疳積、鉤端螺旋體病、風濕、跌打、月經不調、崩漏、帶下。

同蕊草

苦苣苔科 (Gesneriaceae)

Rhynchotechum discolor (Maxim.) Burtt

別名 爛糟、白珍珠、珍珠癀。

藥用 全草能清熱、利尿、鎮靜、解毒、消炎，治咳嗽、糖尿病、肝病、失眠、甲狀腺腫大、尿毒症等。

尖舌草

苦苣苔科 (Gesneriaceae)

Rhynchoglossum obliquum Blume var. *hologlossum* (Hayata) W. T. Wang

別名 尖舌苣苔、全唇尖舌苣苔。

藥用 全草味鹹，性平。能軟堅散結，治甲狀腺腫大。

赤道櫻草

爵床科 (Acanthaceae)

Asystasia gangetica (L.) T. Anderson

別名 活力菜、日本黑子仔菜、寬葉馬偕花。

藥用 全草味苦，性寒。能清熱解毒、涼血止血、利濕通淋，治喉痛、肝炎、感冒發燒、肺炎、口腔潰瘍、痔瘡、蜂窩性組織炎。

賽山藍

爵床科 (Acanthaceae)

Blechum pyramidatum (Lam.) Urban.

別名 土夏枯草、假夏枯草、綠色金字塔。

藥用 全草能清熱、解毒、消炎、散結、消腫、降血壓，治感冒發熱、目赤腫痛、牙痛、喉痛、肝病、腎臟病、尿道炎、高血壓、糖尿病。

針刺草

爵床科 (Acanthaceae)

Codonacanthus pauciflorus (Nees) Nees

別名 抱壁蟑螂、鐘刺草、鐘花草。

藥用 全草味苦、微辛，性涼。能清心火、活血通絡，治跌打損傷、風濕疼痛、口腔破爛等。

狗肝菜

爵床科 (Acanthaceae)

Dicliptera chinensis (L.) Juss.

別名 青蛇仔、跛邊青、本地羚羊。

藥用 全草味微苦，性寒。能清熱解毒、涼血利尿、清肝熱、生津，治感冒發熱、癰腫、目赤腫痛、小便淋瀝、痢疾等。

大安水蓑衣

爵床科 (Acanthaceae)

Hygrophila pogonocalyx Hayata

別名 水蓑衣。

藥用 全草能消腫、化瘀、止痛，治癰腫、骨折、跌打損傷等。

白鶴靈芝

爵床科 (Acanthaceae)

Rhinacanthus nasutus (L.) Kurz

別名 仙鶴草、癬草、香港仙鶴草。

藥用 全草味甘、淡、微苦，性平。能潤肺止咳、平肝降火、消腫解毒、殺蟲止癢，治高血壓、糖尿病、肝病、肺結核、脾胃濕熱、濕疹。

翼柄鄧伯花

爵床科 (Acanthaceae)

Thunbergia alata Bojer *ex* Sims

別名 黑眼花、翼葉山牽牛、翼葉老鴉嘴。

藥用 (1) 全草味甘、辛，性平。能消腫止痛，治跌打腫痛。(2) 鮮葉搗敷胸部，治頭痛。

苦檻藍

苦檻藍科 (Myoporaceae)

Myoporum bontioides (Sieb. & Zucc.) A. Gray

別名 苦林盤、甜藍盤、義藍盤。

藥用 (1) 根及莖味苦、甘，性寒。治肺癆、風濕病等。(2) 葉為解毒劑。

風箱樹

茜草科 (Rubiaceae)

Cephalanthus naucleoides DC.

別名 小楊梅、大葉柳、小泡木、紅紮樹。

藥用 根味苦，性涼。能清熱解毒、收濕止癢，治皮膚瘡癢、對口瘡、天皰瘡、爛腳趾、跌打損傷、牙痛、痢疾、腸炎等。

山黃梔

茜草科 (Rubiaceae)

Gardenia jasminoides Ellis

別名 山黃枝、梔、黃梔子、枝子。

藥用 果實味苦，性寒。能清熱瀉火、涼血止血、利尿、散瘀，治高燒、心煩不眠、實火牙痛、口舌生瘡、鼻衄、目赤紅腫、黃疸。

苞花蔓

茜草科 (Rubiaceae)

Geophila herbacea (Jacq.) O. Ktze.

別名 愛地草、出山虎、邊耳草。

藥用 全草味苦、辛，性微寒。能消腫排膿、散瘀止痛，治癰疽腫毒、跌打傷痛、毒蛇咬傷等。

白花蛇舌草

茜草科 (Rubiaceae)

Hedyotis diffusa Willd.

別名 龍吐珠、定經草、蛇舌癀。

藥用 全草味苦、甘，性寒。能清熱解毒、利濕消癰、抗癌，治腫瘤、腸癰、咽喉腫痛、濕熱黃疸、小便不利、瘡癤腫毒、毒蛇咬傷。

長葉耳草

茜草科 (Rubiaceae)

Hedyotis uncinella Hook. & Arn.

別名 長節耳草、狗骨消、黑頭草。

藥用 根或全草味辛、酸、甘，性溫。能祛風除濕、消食、散寒，治風濕關節痛、小兒疳積、小兒泄瀉、小兒驚風、毒蛇咬傷。

賣子木

茜草科 (Rubiaceae)

Ixora chinensis Lam.

別名 仙丹花、五月花、紅纓花。

藥用 (1) 根味甘、淡，性涼。能清肝降壓、活血散瘀、行氣止痛，治肺結核、咳嗽、咯血等。(2) 花治月經不調、經閉、高血壓。

檄　樹

茜草科 (Rubiaceae)

Morinda citrifolia L.

別名 諾麗果、水冬瓜、海巴戟天。

藥用 全株(或果)味甘，性涼。能增強免疫力，治感冒咳嗽、喉嚨痛、哮喘、糖尿病等。

玉葉金花

茜草科 (Rubiaceae)

Mussaenda parviflora Matsum.

別名 山甘草、白甘草、黏滴草、涼茶藤。

藥用 莖及葉味甘、淡，性涼。能解表清暑、活血化瘀、利水止痛，治感冒、中暑、咳嗽、喉痛、胃腸炎、腎炎水腫、小便不利、瘡瘍膿腫、跌打。

毛雞屎藤

茜草科 (Rubiaceae)

Paederia cavaleriei H. Lév.

別名 雞香藤、五德藤、斑鳩飯。

藥用 全草（或藤）味甘、微苦，性平。能清熱解毒、祛風止痛、止咳，治風濕骨痛、咳嗽、中暑等。

雞屎藤

茜草科 (Rubiaceae)

Paederia foetida L.

別名 牛皮凍、清風藤、雞香藤、五德藤。

藥用 全草味甘、酸、微苦，性平。能祛風除濕、止咳，治黃疸、經閉、胃氣痛、風濕疼痛、泄瀉、久咳、消化不良、氣虛浮腫。

九節木

茜草科 (Rubiaceae)

Psychotria rubra (Lour.) Poir.

別名 山大刀、山大顏、刀傷樹、牛屎烏。

藥用 (1) 根及粗莖味苦，性寒。能清熱解毒、祛風除濕、消腫拔毒，治感冒發熱、白喉、喉痛、痢疾、胃痛、風濕骨痛。(2) 鮮葉搗敷跌打腫痛、外傷出血。

對面花

茜草科 (Rubiaceae)

Randia spinosa (Thunb.) Poir.

別名 洗衫芭樂、山石榴。

藥用 根、葉、果實味苦、澀，性涼，有毒。能散瘀、消腫、解毒、止血，治跌打瘀腫、外傷出血、瘡疥、腫毒等。

毛忍冬

忍冬科 (Caprifoliaceae)

Lonicera japonica Thunb.

別名 四時春、忍冬藤、（毛）金銀花。

藥用 花蕾（藥材稱金銀花）味甘，性涼。能清熱、解毒，治喉痛、流行性感冒、乳蛾、乳癰、腸癰、癰癤膿腫、丹毒、外傷感染、帶下。

呂宋莢蒾

忍冬科 (Caprifoliaceae)

Viburnum luzonicum Rolfe

別名 紅子仔、細葉大柴樹、福州莢蒾、羅蓋葉。

藥用 莖葉味辛，性溫。能祛風、除濕、活血，治風濕痺痛、跌打損傷等。

西　瓜

葫蘆科 (Cucurbitaceae)

Citrullus vulgaris Schrad. *ex* Eckl. & Zeyh.

別名 寒瓜。

藥用 (1) 果瓤味甘，性寒。能清熱、止渴、利尿，治暑熱煩渴、水腫。(2) 西瓜皮味甘，性涼。治口舌生瘡。(3) 種仁能清熱、潤腸。

甜　瓜

葫蘆科 (Cucurbitaceae)

Cucumis melo L.

別名 香瓜、梨瓜、甘瓜。

藥用 (1) 果實味甘，性寒。能消暑熱、解煩渴、利尿。(2) 種子味甘，性寒。能潤腸、化痰、排膿，治肺癰、咳嗽痰沫、便秘。

雙輪瓜

葫蘆科 (Cucurbitaceae)

Diplocyclos palmatus (L.) C. Jeffrey

別名 毒瓜、花瓜。

藥用 塊莖味苦，性平，有毒。能拔膿生肌，專治瘡癧。

絞股藍

葫蘆科 (Cucurbitaceae)

Gynostemma pentaphyllum (Thunb.) Makino

別名 五爪粉藤、五葉參、七葉膽。

藥用 莖及葉味苦、微甘，性涼。能清熱解毒、止咳袪痰、補虛，治體虛乏力、高血脂、肝炎、咳嗽、淋痛、吐瀉、癌腫等。

絲　瓜

葫蘆科 (Cucurbitaceae)

Luffa cylindrica (L.) Roem.

別名 菜瓜。

藥用 成熟果實之網狀纖維（稱絲瓜絡）味甘，性平。能通經活絡、清熱化痰、利尿消腫，治肺熱咳嗽、經閉、乳汁不通、癰腫、痔漏。

野苦瓜

葫蘆科 (Cucurbitaceae)

Momordica charantia L. var. *abbreviata* Ser.

別名 小苦瓜、山苦瓜。

藥用 果實味苦，性寒。能清暑滌熱、明目、解毒、消渴，治熱病煩渴、中暑、痢疾、赤眼疼痛、癰腫、丹毒、糖尿病等。

木鱉子

葫蘆科 (Cucurbitaceae)

Momordica cochinchinensis (Lour.) Spreng.

別名 山刺苦瓜（臺東）、臭屎瓜、木別子。

藥用 種子味苦、微甘，性溫，有毒。能消腫散結、解毒生肌，治癰腫、疔瘡、膿腫、乳癰、頭癬、痔瘡、無名腫毒、疳積、痞塊、風濕痺痛等。

香櫞瓜

葫蘆科 (Cucurbitaceae)

Sechium edule (Jacq.) Swartz

別名 （佛）手瓜、梨瓜、洋絲瓜。

藥用 (1) 莖及葉味甘、苦，性涼。能清熱、消腫，治瘡瘍腫毒、創傷等。(2) 果實能健脾消食、行氣止痛，治胃痛、消化不良等。

青牛膽

葫蘆科 (Cucurbitaceae)

Thladiantha nudiflora Hemsl. *ex* Forb. & Hemsl.

別名 南赤爬、裸花赤爬、毛瓜。

藥用 (1) 根味苦，性寒。能通乳、清熱、利膽，治乳汁不下、乳房脹痛。(2) 果實味酸、苦，性平。能理氣活血、祛痰利濕。

王　瓜

葫蘆科 (Cucurbitaceae)

Trichosanthes cucumeroides (Ser.) Maxim. *ex* Fr. & Sav.

別名 師古草、老鴉瓜、吊瓜、野甜瓜。

藥用 根味苦，性寒，有小毒。能清熱解毒、散瘀止痛、利尿消腫，治毒蛇咬傷、乳蛾、癰瘡腫毒、跌打損傷、淋痛、胃痛。

金錢豹

桔梗科 (Campanulaceae)

Codonopsis javanica (Blume) Miq. subsp. *japonica* (Maxim *ex* Makino) Lammers

別名 土黨參、野黨參、蔓桔梗、川人參。

藥用 根味甘，性平。能補中益氣、潤肺生津、清熱鎮靜、祛痰止咳，治氣虛乏力、泄瀉、肺虛咳嗽、腎虛、小兒疳積、乳汁稀少、遺尿。

臺灣土黨參

桔梗科 (Campanulaceae)

Cyclocodon lancifolius (Roxb.) Kurz

別名 土黨參、狹葉土黨參。

藥用 根味甘、微苦，性平。能理氣、補虛、潤肺、止咳、祛痰、止痛，治跌打損傷、腸絞痛、氣虛、咳嗽等。

許氏草

桔梗科 (Campanulaceae)

Laurentia longiflora (L.) Presl

別名 長冠花、麻辣草、同瓣草。

藥用 全草能麻痺、止痛、消腫、解毒，外用治癰瘡腫毒、風濕性關節炎。（本品通常鮮用，隨用隨採）

普剌特草

桔梗科 (Campanulaceae)

Lobelia nummularia Lam.

別名 老鼠拖秤錘、銅錘草、銅錘玉帶草。

藥用 全草味苦、辛、甘，性平。能清熱解毒、活血化瘀、祛風利濕，治肺虛久咳、風濕關節痛、跌打損傷、乳癰、乳蛾、無名腫毒等。

桔　梗

桔梗科 (Campanulaceae)

Platycodon grandiflorum (Jacq.) A. DC.

別名 草桔梗、津梗、苦桔梗。

藥用 根味苦、辛，性微溫。能宣肺利咽、祛痰止咳、排膿催吐，治氣管炎、咳嗽、咳痰不爽、咽喉腫痛、胸悶、腹脹、肺癰。

尖瓣花

密穗桔梗科 (Sphenocleaceae)

Sphenoclea zeylanica Gaertn.

別名 木空菜、楔瓣花、長穗溹。

藥用 全草味苦，性寒。能消炎消腫、拔毒生肌，治瘡瘍腫毒，可取鮮品適量搗敷患部或煎水外洗，或作乾粉敷用。

草海桐

草海桐科 (Goodeniaceae)

Scaevola taccada (Gaertner) Roxb.

別名 水草、水草仔、細葉水草。

藥用 (1) 全草搗敷腫毒。(2) 樹皮治腳氣病。(3) 葉治扭傷、風濕關節痛。

洋蓍草

菊科 (Compositae)

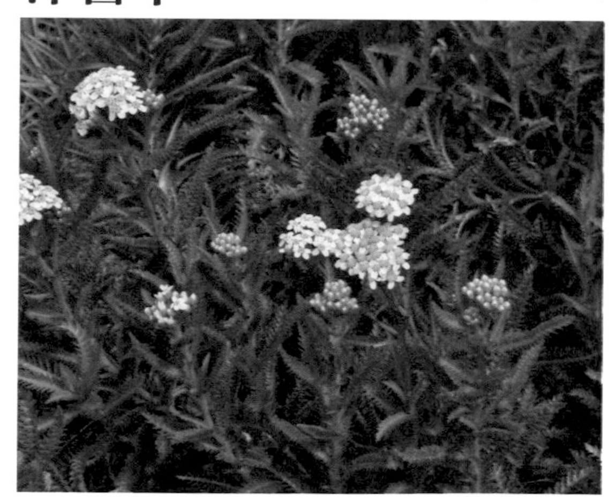

Achillea millefolium L.

別名 千葉蓍、鋸草、蜈蚣蒿。

藥用 全草味辛、苦，性涼，有毒。能解毒、消腫、止血、止痛、祛風，治風濕痺痛、跌打損傷、血瘀痛經、癰腫瘡毒、痔瘡出血。

印度金鈕扣

菊科 (Compositae)

Acmella oleracea (L.) R. K. Jansen

別名 六神草、鐵拳頭、金鈕扣。

藥用 全草(或花序)味辛、苦，性微溫。能利尿、消腫、止痛，治咳嗽、胃痛、牙痛、腹瀉、跌打損傷等。

玉山抱莖籟簫

菊科 (Compositae)

Anaphalis morrisonicola Hayata

別名 玉山香青、白花香青。

藥用 全草味甘，性平。能清熱解毒、止咳定喘，治感冒、咳嗽痰喘、風濕關節痛、高血壓等。(本圖攝於合歡山)

珍珠蒿

菊科 (Compositae)

Artemisia anomala S. Moore

別名 奇蒿、劉寄奴、金寄奴、烏藤菜。

藥用 全草味辛、苦，性平。能清暑利濕、活血化瘀、通經止痛，治中暑、頭痛、泄瀉、經閉腹痛、風濕關節痛、跌打損傷、外傷出血、乳癰。

艾

菊科 (Compositae)

Artemisia indica Willd.

別名 五月艾。

藥用 葉味苦、辛，性溫。能理氣血、逐寒濕、溫經、止血、安胎，治心腹冷痛、久痢、月經不調、胎動不安等。

馬　蘭

菊科 (Compositae)

Aster indicus L.

別名 雞兒腸、開脾草、馬蘭菊、階前菊。

藥用 全草味辛，性涼。能清熱、涼血、利濕、消積、殺菌、解毒，治吐血、衄血、血痢、瘧疾、喉痛、支氣管炎、水腫、癰腫、小兒疳積等。

掃帚菊

菊科 (Compositae)

Aster subulatus Michaux

別名 突錐紫菀、鑽形紫菀、帚馬蘭。

藥用 全草味苦、酸，性涼。能清熱、解毒，治濕疹、腫毒等。

大花咸豐草

菊科 (Compositae)

Bidens pilosa L. var. *radiata* Sch. Bip.

別名 鬼針草、恰查某、羅夜叉。

藥用 全草味甘、淡，性涼。能清熱、解毒、散瘀，治感冒、咽喉腫痛、黃疸、肝炎、跌打損傷等。

艾納香

菊科 (Compositae)

Blumea balsamifera (L.) DC.

別名 大風艾、大風草、牛耳艾、大艾。

藥用 葉及嫩枝味辛、苦，性溫。能祛風、消腫、溫中、活血、殺蟲，治寒濕瀉痢、感冒、風濕、跌打損傷、瘡癬、濕疹、皮膚炎、產後風證等。

走馬胎

菊科 (Compositae)

Blumea lanceolaria (Roxb.) Druce

別名 雙合劍葉草、黃龍參、千頭艾、走馬草。

藥用 (1)葉味辛，性平。能祛風除濕、消腫止痛，治風濕關節痛、婦女產後關節痛、跌打腫痛。(2)全草治咳嗽痰喘、口腔破潰。

藍冠菊

菊科 (Compositae)

Centratherum punctatum Cass. subsp. *fruticosum* (Vidal) Kirkman

別名 菲律賓鈕扣花、菊薊、美菊花、蘋果薊。

藥用 全草味微辛，性涼。能清熱、消炎，治咽喉腫痛、尿道炎、外傷出血、癰疽腫毒。(癰疽腫毒可取藍冠菊心葉加烏蘞莓葉、落地生根一起搗爛外敷)

茼　蒿

菊科 (Compositae)

Chrysanthemum coronarium L.

別名 打某菜、冬茼菜、春菊。

藥用 全草味辛、甘，性平。能和脾胃、通便、消痰飲、清熱養心、潤肺，治便秘、痰多。

菊

菊科 (Compositae)

Chrysanthemum morifolium Ramate

別名 菊仔、菊花、杭菊。

藥用 (1)花味甘、苦，性涼。能疏風清熱、平肝明目、解毒消腫，治頭痛、眩暈、目赤、腫毒等。(2)葉味辛、甘，性平。治疔瘡、頭風、目眩。

昭和草

菊科 (Compositae)

Crassocephalum crepidioides (Benth.) S. Moore

別名 饑荒草、野木耳菜、野茼蒿、山茼蒿。

藥用 全草味辛，性平。能解熱、健胃、消腫，治腹痛、便秘等。

蘄　艾

菊科 (Compositae)

Crossostephium chinense (L.) Makino

別名 芙蓉、千年艾、海芙蓉、白石艾。

藥用 (1) 根味辛、苦，性微溫。能祛風除濕，治風濕、胃寒疼痛等。(2) 葉性味同根。能祛風濕、消腫毒，治風寒感冒、小兒驚風、癰疽。

野　菊

菊科 (Compositae)

Dendranthema indicum (L.) Des Moul.

別名 野黃菊、路邊菊、油菊。

藥用 花味苦、辛，性涼。能清熱解毒、疏風平肝，治疔瘡、癰疽、丹毒、濕疹、皮膚炎、風熱感冒、咽喉腫痛、高血壓、肝炎；外用治癤腫疔毒。

茯苓菜

菊科 (Compositae)

Dichrocephala integrifolia (L. f.) Kuntze.

別名 魚眼草、一粒珠、豬菜草。

藥用 全草味苦，性涼。能消腫解毒、清熱利尿、止血癒傷，治角膜炎、疔瘡腫毒、創傷出血、糖尿病、高血壓、肝炎等。

鱧　腸

菊科 (Compositae)

Eclipta prostrata (L.) L.

別名 旱蓮草、田烏仔草、墨旱蓮、墨菜。

藥用 全草味甘、酸，性涼。能滋腎補肝、涼血止血、烏鬚髮、清熱解毒，治眩暈耳鳴、肝腎陰虛、腰膝酸軟、陰虛血熱、吐血、血痢、崩漏、外傷出血。

天芥菜

菊科 (Compositae)

Elephantopus scaber L.

別名 丁豎杇、苦地膽、牛拖鼻、地膽草。

藥用 全草味苦，性涼。能清熱解毒、利尿消腫，治感冒、痢疾、吐瀉、乳蛾、咽喉腫痛、水腫、目赤腫痛、癤腫等。

紫背草

菊科 (Compositae)

Emilia sonchifolia (L.) DC. var. *javanica* (Burm. f.) Mattfeld

別名 一點紅、葉下紅。

藥用 全草味苦，性涼。能清熱解毒、散瘀消腫、利水、涼血，治喉痛、口腔破潰、風熱咳嗽、痢疾、便血、淋痛、乳癰、水腫、跌打。

田代氏澤蘭

菊科 (Compositae)

Eupatorium clematideum (Wall. *ex* DC.) Sch. Bip.

別名 澤蘭、木澤蘭。

藥用 上坪前山的泰雅族人遇到外傷時，取本植物的新鮮葉片搗敷患部，並以布包紮受傷的部位。

粗毛小米菊

菊科 (Compositae)

Galinsoga quadriradiata Ruiz & Pav.

別名 粗毛牛膝菊。

藥用 全草味淡，性平。能清熱解毒、止血消腫、清肝明目，治咽喉炎、肝炎、乳蛾、急性黃疸、外傷出血；外用治創傷出血。

鼠麴舅

菊科 (Compositae)

Gnaphalium purpureum L.

別名 匙葉鼠麴草、擬天青地白、清明草。

藥用 全草味甘、淡，性微溫。能補脾健胃、祛痰止咳、利濕消腫、降血壓，治感冒、風濕疼痛、痢疾、腹瀉、風寒咳嗽等。

白鳳菜

菊科 (Compositae)

Gynura divaricata (L.) DC. subsp. *formosana* (Kitam.) F. G. Davies

別名 白癀菜、白鳳菊、臺灣土三七。

藥用 全草味甘、淡，性寒，有小毒。能清熱解毒、涼血止血，治肝炎、肺炎、小兒高燒、目赤腫痛、風濕、跌打、骨折、乳腺炎、瘡癤。

兔兒菜

菊科 (Compositae)

Ixeris chinensis (Thunb.) Nakai

別名 小金英、苦尾菜、蒲公英、鵝仔菜。

藥用 全草味苦，性涼。能清熱解毒、涼血止血、消腫止痛、祛腐生肌，治無名腫毒、風熱咳嗽、泄瀉、衄血、跌打、肺癰、尿道結石。

萵苣

菊科 (Compositae)

Lactuca sativa L.

別名 萵仔菜、媚仔菜、生菜、葉萵。

藥用 莖葉味苦、甘，性涼。能清熱解毒、利尿通乳，治小便不利、乳汁不通、尿血。（萵苣品種極多，本圖為葉萵苣類的尖葉萵苣）

小花蔓澤蘭

菊科 (Compositae)

Mikania cordata (Burm. f.) B. L. Rob.

別名 山瑞香、蔓澤蘭、蔓菊。

藥用 全草味甘、苦，性寒。能清熱解毒、消腫止痛、抗癌，治肺炎、肺癌、肺熱咳嗽、肺癰、感冒、水腫、白血球過多、腦中風、透醬蛇。

欒樨

菊科 (Compositae)

Pluchea indica (L.) Less.

別名 臭加錠、闊苞菊、鯽魚膽。

藥用 全株味甘，性微溫。能暖胃消積、軟堅散結、祛風除濕，治小兒疳積、瘻瘤、痰核、風濕骨痛。（取本植物的鮮葉，另加等量的藤紫丹鮮葉，共搗外敷帶狀疱疹）

翼莖闊苞菊

菊科 (Compositae)

Pluchea sagittalis (Lam.) Cabrera

別名 臭靈丹、牛屎菊、六稜菊、百草王。

藥用 全草味苦、辛，性微溫。能祛風除濕、活血解毒，治風濕關節炎、經閉、腎炎水腫；外用治癰癤腫毒、跌打、燒燙傷、皮膚濕疹。

豨　薟

菊科 (Compositae)

Siegesbeckia orientalis L.

別名 毛梗豨薟、黏糊草、鎮靜草。

藥用 全草味苦，性寒。能袪風濕、利筋骨、降血壓，治風濕性關節炎、四肢麻木、腰膝無力、半身不遂、肝炎等；外用治疔瘡腫毒。

假吐金菊

菊科 (Compositae)

Soliva anthemifolia (Juss.) R. Br. *ex* Less.

別名 山芫荽、裸柱菊。

藥用 全草味辛，性溫。能化氣散結、消腫解毒，治瘰癧、風毒流注、痔瘡發炎。

翅果假吐金菊

菊科 (Compositae)

Soliva pterosperma (Juss.) Less.

別名 芫荽草、座地菊、鵝仔菜。

藥用 全草味辛，性溫。能化氣散結、消腫解毒，治瘰癧、風毒流注、痔瘡發炎。

西洋蒲公英

菊科 (Compositae)

Taraxacum officinale Weber

別名 蒲公英、蒲公草、藥用蒲公英。

藥用 全草味苦、甘，性寒。能清熱解毒、消癰散結，治扁桃腺炎、結膜炎、腮腺炎、乳腺炎、腸胃炎、肝炎、膽囊炎、闌尾炎、泌尿道感染等。

五爪金英

菊科 (Compositae)

Tithonia diversifolia (Hemsl.) A. Gray

別名 假向日葵、腫柄菊、王爺葵。

藥用 全株（或葉）味苦，性涼，有毒。能清熱解毒、消腫止痛，治肝炎、急吐瀉、癰瘡腫毒、糖尿病，為民間苦茶常用之原料。

長柄菊

菊科 (Compositae)

Tridax procumbens L.

別名 肺炎草、燈籠草、羽芒菊。

藥用 全草味苦，性涼。能解熱、消炎，治肺炎、咳嗽、感冒高熱不退等。

扁桃葉斑鳩菊

菊科 (Compositae)

Vernonia amygdalina Delile

別名 肝連、苦葉樹、南非葉、巴西國寶。

藥用 全草味苦，性寒。能去肝火、降尿酸、消炎，治肝炎、咽喉腫痛、高血壓、糖尿病、腰骨酸痛等。

鹹蝦花

菊科 (Compositae)

Vernonia patula (Dryand.) Merr.

別名 嶺南野菊、大葉鹹蝦花、柳枝癀。

藥用 全草味微苦、辛，性平。能清熱利濕、散瘀消腫、解毒止瀉，治風熱感冒、頭痛、乳癰、吐瀉、痢疾、瘡癤、濕疹、肝病、腸胃炎、跌打。

雙花蟛蜞菊

菊科 (Compositae)

Wedelia biflora (L.) DC.

別名 九里明。

藥用 全草味甘、苦，性寒。能清熱解毒，治風濕關節痛、跌打損傷、瘡瘍腫毒等。

蟛蜞菊

菊科 (Compositae)

Wedelia chinensis (Osbeck) Merr.

別名 黃花蜜菜、田烏草、蛇舌癀。

藥用 全草味甘、淡，性涼。能清熱解毒、祛瘀消腫，治白喉、頓咳、百日咳、痢疾、痔瘡、跌打損傷等。

蒼　耳

菊科 (Compositae)

Xanthium strumarium L.

別名 羊帶來、牛虱母子、黐頭婆。

藥用 果實味辛、苦、甘，性溫，有小毒。能散風寒、通鼻竅、止痛、殺蟲，治風寒頭痛、風寒濕痺、鼻竇炎、瘧疾等。

黃鵪菜

菊科 (Compositae)

Youngia japonica (L.) DC.

別名 山根龍、山菠蔆、罩壁癀、苦菜藥、黃花菜。

藥用 全草味甘、微苦，性涼。能清胃熱、利尿消腫、止痛，治咽喉腫痛、乳腺炎、尿道炎、牙痛、小便不利、肝硬化腹水、瘡癤腫毒。

臺灣民間驗方選錄（1）

本單元選錄 265 首應用方例，皆源自臺灣民間調查成果，其劑量之換算如下：1 斤＝ 16 兩、1 兩＝ 10 錢、1 錢＝ 10 分、1 錢＝ 3.75 公克、1 兩＝ 37.5 公克、1 斤＝ 600 公克；1 ml(毫升) ＝ 1 c.c.(立方公分，或稱立方厘米，英文為 cubic centimeter)，多數驗方皆依原調查結果收錄，請自行換算參考。

部分方例後面附上提供者姓名，以示感謝之意；若出現「/」符號者，「/」符號前為受訪者，「/」符號後為調查訪問者。內容之「中國藥學」指中國醫藥大學藥學系。

【治跌打損傷】

（1）治跌打，有散血之功：金不換（石松科植物千層塔之全草，乃治傷活絡之要藥）與犁壁草等合用。

（2）金不換、桔梗、陳皮、百部、六汗（即續斷）、三稜、莪朮、羌活、獨活、乳香、沒藥、防風、荊芥、黃柏、川七、木香、白及、茯苓、冬蟲、沈香、丁香、百合、血竭、自然銅及天竹黃各等分，研末，每服 5 公克，用酒送服，痛時以開水送服。

（3）金不換、紅花、澤蘭、當歸、生地、牛膝、香附、蘇木、川七、鬱金、元胡、白芍及甘草各 20 公克，共研為末，每服 7 公克，用酒送服。

（4）治腰痛、腰閃著風：萬年松（卷柏科植物卷柏之全草）、椿根、丁香各 10 公克，水煎服，或半酒水燉赤肉服。

（5）開胸利膈，或治跌打咳嗽，去鬱氣：萬年松 20 公克，加冰糖，燉赤肉服。

（6）珠蘭（金粟蘭科植物金粟蘭，又稱雞爪蘭）全草 40 ～ 75 公克，煎水代茶飲，可治刀傷、打傷、筋骨疼痛，能消炎。

（7）治久年跌打損傷：秤飯藤頭及紅骨蛇各 40 公克，酒水各半燉豬頭，連服數次可癒。

（8）治跌打：蕃仔刺（豆科植物金合歡之粗莖及根）7 公克，水煎服。

（9）萬點金、黃金桂各 75 公克，半酒水煎服。

（10）治手腳跌傷、脫臼：生梔子 3 兩（研末）、雞蛋白 2 ～ 3 個，攪拌均勻外敷傷處。（南投縣名間鄉 · 洪秀治 / 中國藥學 57 屆 · 洪銘揚）

(11) 治腰閃：新鮮（大號）一枝香適量，搗汁並沖溫米酒服。（宜蘭縣壯圍鄉・陳秀梅 / 中國藥學 57 屆・張芷馨）

(12) 去傷解瘀：新鮮紅田烏適量，與排骨一起燉服。（彰化縣伸港鄉・柯苑華 / 中國藥學 57 屆・柯佩萱）

(13) 去傷解鬱：採蛇莓的鮮果適量，搗汁後沖米酒服。（南投縣竹山鎮・張切 / 中國藥學 57 屆・曾冠瑋）

【藥洗配方】

(1) 埔銀仔根、含殼仔草、鐵牛入石、金錢薄荷、薄荷、艾心、臭川芎、川芎、萬桃花、落水金光、埔姜、尖尾峰、當歸、接骨筒，置米酒內浸泡半個月，備用，可推跌打傷、行血。

說明：

(a) 落水金光藥材為大戟科巴豆的粗莖及根，又稱巴豆根。(b) 埔姜藥材為馬鞭草科黃荊的粗莖及根，又稱七葉埔姜頭。(c) 萬桃花藥材為茄科曼陀羅類（*Datura* 屬）的花，又稱喇叭花；若取鮮品浸於熱粥之湯中，置隔夜放涼後，可外塗傷口不癒，效佳。

(2) 山埔崙、老公鬚、金錢薄荷、雙面刺、澤蘭各 40 公克，鐵牛入石、落水金光各 8 公克，米酒 1 瓶，浸 40 天，以藥棉醮藥酒，外搽推跌打損傷。

說明：

山埔崙藥材為瑞香科南嶺蕘花的粗莖及根，又稱了哥王、山埔崙、埔銀片、埔銀頭、山埔銀、埔崙頭、埔崙根、埔銀仔根。

(3) 七日暈、貫眾、支子根、澤蘭 8 公克，生南星、生半夏 4 公克，三角鹽酸 16 公克，外用浸米酒，當傷科藥洗。

說明：

生半夏藥材可用犁頭草（屬於天南星科植物）塊莖代替。

（4）鐵拳頭、許氏草各 60 公克，由跋、拎樹藤、商陸各 15 公克，外用浸米酒 1 瓶，當傷科藥洗。（臺中市大里區 ・ 蔡和順理事長）

（5）緩和痠痛藥洗，噴抹於患處，搓揉：風不動 2 兩、王不留行 2 兩、紅花 2 兩、川木瓜 1 兩、桑寄生 1 兩、桂枝 1 兩、白芷 1 兩、川七 1 兩、木香 1 兩、苦參子 1 兩、生地 1 兩、羌活 8 錢、丁香 8 錢、細辛 7 錢、秦艽 7 錢、骨碎補 7 錢、續斷 7 錢、狗脊 7 錢、川芎 5 錢、地別（蟲）5 錢，米酒 (6×600 c.c.)，藥效要強加高粱酒。（臺中市潭子區 ・ 林賴秀紅 / 中國藥學 57 屆 ・ 何秉儒）

【治風濕疼痛】

（1）（大）風藤 40 ～ 150 公克，水煎服。

（2）去風：四物湯，（大）風藤、一條根、椿根、熟地及山馬茶各 10 公克，水煎服。

（3）（大）風藤作浴湯，沐浴治腰痛。

（4）治久年風傷：番仔刺、不留行、小紙錢塹、澤蘭、本川七、貓鼠刺、苦林盤及黃金桂，用酒燉赤肉或雞服。

（5）治風傷、筋骨酸痛：番仔刺、當歸、熟地、川芎、白芍、桂枝、故紙、木瓜、六汗及黃藤，煎水服。

【治舊傷】

（1）老公鬚、鹽酸仔草、艾草、蔥根各 1 把，老薑母 1 塊，

半酒水煎煮，外敷患處，能通筋活血。（臺中市青草街 · 劉清周 / 中國藥學 57 屆 · 許琳）

【治手腳酸、無力】

（1）番仔刺、山桃寄生、骨碎補、烏踏刺、紅水柳、一條根、豆葉雞血藤、不留行、穿山龍、楦梧、芙蓉頭及秤飯藤，半酒水燉雞或赤肉服。

【治筋骨酸痛】

（1）珠蘭全草 75 公克，半酒水煎，或燉赤肉服。

【治腳抽筋】

（1）紅鳳菜的鮮葉適量，炒食或煮豬肉食用。（宜蘭縣壯圍鄉 · 陳秀梅 / 中國藥學 57 屆 · 張芷馨）

【治神經疼痛】

（1）治腰部神經痛，難屈伸者：桑枝、土煙頭、金劍草各 20 公克，鼠尾癀 25 公克，水煎服。體弱者，可加本首烏或樟根 20 公克。

【治氣鬱】

（1）甜珠仔草、過山香等合用，能涼肺，去鬱，開中氣。

【治痢疾（腹瀉）】

（1）治熱性痢疾，退腫毒：鳳尾草、白花仔草、大丁癀、鼠尾癀、茶匙癀、鐵釣竿及雙柳癀各20公克，水煎代茶飲。

（2）治大便帶黏性之赤痢：鳳尾草、乳仔草、咸豐草、白花仔草、金石榴各約20公克，加紅糖，水煎服。

（3）治大便帶黏性之痢疾：鳳尾草、乳仔草、咸豐草、白花仔草、山橄欖葉各約20公克，發熱時，加鹽少許（不發熱，則加紅糖），水煎服。

（4）鳳尾草、乳仔草、山橄欖葉、白花仔草、蝴蠅翼合用，水煎服。

（5）鳳尾草、乳仔草、咸豐草合用，水煎服。（若赤痢，以本方為基礎，再加犁壁刺、蝴蠅翼及冰糖）

（6）鳳尾草、乳仔草、白花仔草、無頭土香、紅田鳥、橄欖根及含殼仔草，水煎，加冰糖或冬蜜服。

（7）鳳尾草、乳仔草、含殼仔草、鐵馬鞭、六月雪頭，水煎服，能止痢、解熱。

（8）魚腥草、車前草各40～75公克，水煎服。

（9）甜珠仔草與紅乳仔草等合用，治熱痢、傷暑、口渴、腹痛等。

（10）治腹瀉下利方：雷公根、芭樂心、八卦癀，水煎服，效佳。（中國藥學55屆・陳亭仰調查，某位長庚中醫師住在屏東的阿嬤提供，2014年5月）

【治腹痛（胃痛）】

（1）樹梅皮75公克，水煎服；或為散劑，一次服1.5公克。

（2）治胃寒病：樹梅皮（楊梅科植物楊梅之樹皮）150 公克，燉赤肉服。

（3）治慢性胃病、胃痛：樹梅皮 75 公克，半酒水煎服。

（4）樹梅根、南薑各 20 公克，李根、橄欖根、玄乃草（牻牛兒苗，可以蛇波替用）各 10 公克，水煎服；若胃酸過多，則加曼陀羅葉 2.5 公克。

（5）治下腹疼痛（夏天火氣大，中暑熱疼痛更嚴重）：苦藏適量煮水喝，每天喝 4 次，每次喝 1 碗，每星期 2 帖。本植物鮮品不寒（寒者容易腳抽筋）。（臺中市潭子區 · 吳美英）

（6）治胃痛：新鮮老鼠托秤錘（全草）2 兩，塞入土雞腹中，燉煮服用。（南投縣竹山鎮 · 張切 / 中國藥學 57 屆 · 曾冠瑋）

【治腹脹】

（1）治小兒腹脹：苦茶油、粉餅，於手心搓熱後，向下推腹部。（桃園市 · 徐甘妹 / 中國藥學 57 屆 · 邢乃萱）

【治消化不良】

（1）蚶殼仔草、炮仔草、虱母子頭、益母草、咸豐草頭各 20 ～ 40 公克，水煎服，治消化不良、腹痛。

【治便秘】

（1）香蕉適量，加優格打汁服，能順腸兼瘦身。（南投縣埔里鎮 · 劉麗美 / 中國藥學 57 屆 · 陳奎元）

【治盲腸炎】

（1）治慢性盲腸炎：鳳尾草、枸杞根各 40 公克，艾頭、恰查某頭各 80 公克，加鹽少許，水煎服，特效。

【治大腸炎】

（1）鳳尾草、乳仔草、含殼仔草各約 40 公克，加紅糖，水煎服。

【治便毒】

（1）水荖根 20 公克、雙面刺 10 公克、埔銀 7 公克、七日暈 3.5 公克，燉鴨蛋。

【治痔瘡】

（1）治外痔、內痔：取白刺杏燉瘦肉服食，效佳。（臺東市・吳茂雄理事長）

【治胃食道逆流】

（1）土肉桂（葉）煮水喝。（臺中市大里區・蔡和順理事長，本方亦可降尿酸）

【治小便赤澀】

（1）鴨腳香（水龍骨科植物鵝掌金星草之全草，為解熱劑）、筆仔草及五斤草各 20 公克，水煎服，治小便赤澀、淋病。

（2）甜珠仔草加紅糖，水煎服，治小便帶赤者。

【治泌尿系統發炎】

（1）臭瘥草 14 公克，黃花蜜菜、咸豐草及筆仔草各 20 公克，可治膀胱炎、尿道炎、小便淋痛等。

（2）治腎炎，膀胱、尿道炎：水丁香（全草）1 斤，水煎服。（南投縣竹山鎮 · 張切 / 中國藥學 57 屆 · 曾冠瑋）

【治膀胱無力】

（1）荔枝根、牛乳埔、金英根、倒地麻（梧桐科植物草梧桐之全草）、番木瓜各 40 公克，水煎服。

【治泌尿系統結石】

（1）治膀胱結石：鳳梨、酸梅各適量，水煎服。（臺中市新社區 · 張添枝，2013 年提供）

（2）治腎結石：車前草、化石草（貓鬚草）、筆仔草各適量，煎水服。（臺中市 · 阿蘭百草店 / 中國藥學 57 屆 · 賴子維）

【治鼻子過敏】

（1）橄欖葉乾燥、打粉，內服。（彰化縣田中鎮 · 張瑞樹醫師）

【治發燒】

（1）甜珠仔草、一枝香及蚊仔煙各 40 公克，水煎服，治高熱或兼咳嗽者。

（2）退燒：取八卦癀（約拳頭 2 倍大）2 棵，將外皮連刺削除，

加少許鹽巴及蜂蜜，用果汁機打成泥，服飲之。（南投縣名間鄉 · 洪秀治／中國藥學 57 屆 · 洪銘揚）

（3）八卦癀 3 兩，去刺和皮，加水與鹽攪汁服。（南投縣竹山鎮 · 黃陳秀枝／中國藥學 57 屆 · 曾冠瑋）

（4）治發燒、氣管炎：新鮮茄苳葉適量，搗爛後過濾出汁液，加入少許鹽巴，即可服用。（苗栗縣造橋鄉 · 黃吳秋蘭／中國藥學 56 屆 · 何易儒，本方飲用之後祛痰功效亦佳）

（5）新鮮一葉草適量，絞汁喝。（臺中市 · 漢強百草店／中國藥學 57 屆 · 賴子維）

（6）退火、退燒：新鮮到手香適量，攪成汁加蜂蜜，服約 1 杯（50 c.c.）的量。（臺中市太平區 · 吳進義／中國藥學 57 屆 · 吳欣怡）

（7）退燒，治感冒：新鮮黃花仔蜜菜適量，攪成汁加蜂蜜服用。（臺中市太平區 · 賴水／中國藥學 57 屆 · 吳欣怡）

（8）長柄菊枝葉 10 份（每份含葉 3 ～ 5 片）、裂葉麻瘋葉 2 片，兩者鮮品絞汁內服，治感冒發燒。（臺中縣大肚鄉 · 謝和福）

【治咳嗽】

（1）扁柏葉 20 公克、鮮蝴蠅翼 100 公克、紅竹葉 2 ～ 3 枚，水煎，沖冬蜜服，可清肺火，治吐血、咳嗽。

（2）臭痓草 70 ～ 100 公克，水煎，沖雞蛋服，治咳嗽，解鬱。

（3）珠蘭全草 40 公克，煎冰糖服，治咳嗽、音啞。

（4）治感冒咳嗽：桑白皮、麥冬、天冬、藕節、烏甜及桔梗各 10 公克，水煎服。

（5）治熱咳、開胸利膈：桑白皮與百部等合用。

（6）治肺疾、咳嗽、吐血：萬點金 75 ～ 110 公克，煎冰糖服。

（7）治肺燥咳嗽：龍利葉的新鮮葉片6～8片，蜜棗4粒，水煎服。

（8）水梨1粒、冰糖適量，水1碗，電鍋燉，喝湯液。（桃園市．蕭慧美/中國藥學57屆．邢乃萱）

【治痰多】

（1）煮蔥根，加麥芽糖，當湯喝。（中國藥學57屆．古庭碩）

（2）治咳痰：桑白皮3錢，荊芥、紫蘇各2錢，黃芩、淡竹葉、薄荷、羌活、防風、珠貝母各半錢，較虛弱者可加黃耆5錢，水煎服。（桃園市中壢區．宋淑珍/中國藥學57屆．張筌）

【治肺炎、支氣管炎】

（1）甜珠仔草、茄苳根各約110公克，水煎服。

（2）甜珠仔草煎水服，治高熱不退而成肺炎，以及打傷。

（3）水荖根、麻芝糊、鳳尾連、耳鉤草，水煎，代茶飲用，治肺炎、喘、口渴。

（4）治肺炎、支氣管炎：活力菜（爵床科植物赤道櫻草之嫩莖葉）、蔓澤蘭、落地生根各2兩（皆取鮮品），水煎服。

（5）治肺炎發燒：肝炎草、魚腥草各60公克（皆取鮮品），打汁加蜜服。

（6）治感冒所致慢性支氣管炎：取山瑞香煮茶喝或鮮葉2～3片嚼食。（桃園縣大溪鎮．王明性）

（7）治支氣管炎：麻糬糊（菊科植物下田菊之全草）燉雞。（南投縣名間鄉．洪秀治/中國藥學57屆．洪銘揚）

【治肺癰】

（1）藍豬耳、白花蛇舌草各等量，水加一匙酒，燉青殼鴨蛋服，治肺癰殊效，服 2 ～ 3 次可痊癒。（雲林縣斗六市 · 張武訓理事長）

【治喉嚨痛】

（1）甜珠仔草、咸豐草及一枝香各 10 公克，炮仔草（燈籠草）及雞角刺根各 14 公克，水煎服，治發熱、咳嗽、咽喉痛。

（2）新鮮活力菜 2 兩，南投涼喉茶、白花蛇舌草各 1 兩，水煎服。

（3）蚌蘭花苞加水熬煮，加點冰糖。（臺南市 · 陳綠萍 / 中國藥學 57 屆 · 杜俊緯）

（4）新鮮藍冠菊加散血草，搗汁服或水煎服。

（5）治喉嚨痛、發不出聲音：到手香鮮葉適量，洗淨搗爛後濾出汁液，加入少許鹽巴，即可服用。（苗栗縣造橋鄉 · 吳雲禎 / 中國藥學 56 屆 · 何易儒）

（6）新鮮紅田烏適量，攪成汁加蜂蜜，約服用 1 碗。（臺中市太平區 · 吳進義 / 中國藥學 57 屆 · 吳欣怡）

【治中耳炎】

（1）截取一段鮮山葡萄藤（此處應指漢氏山葡萄），一端對患者，另一端用口吹之，使汁滴入耳內。（苗栗縣造橋鄉 · 黃吳秋蘭 / 中國藥學 56 屆 · 何易儒）

【治咯血】

（1）龍利葉花 3 ～ 5 錢，開水沖服或煲瘦肉服食。

【治吐血】

（1）側柏、蛇婆、甜珠仔草、對葉蓮與艾心少許，共搗汁半碗，加冰糖服，效佳。

（2）退肺火，取水苳根 40 公克或其全草 40 ～ 110 公克，水煎服。

（3）甜珠仔草與側柏等合用，效佳。

【治衄血】

（1）扁柏、生地、竹茹、藕節、桑白皮、荷葉、烏甜及黃芩各 7 ～ 10 公克，水煎服，可治吐血、衄血、聲啞等。

（2）桑白皮與扁柏等合用。

（3）治流鼻血：絲瓜適量，加紅糖煎煮。（高雄市鳳山區 · 陳阿幼 / 中國藥學 57 屆 · 邢乃萱）

說明：

衄血指凡非外傷所致的某些部位的外部出血症，包括眼衄、耳衄、鼻衄、齒衄、舌衄、肌衄等，以鼻衄（即流鼻血）為多見。其病因不外火與虛，包括肝火、胃火、風熱犯肺、熱毒內蘊、腎精虧虛、氣血兩虧等，都可能導致衄血。一般因感受外邪所致的衄血起病急，病程短，多有外感表證，內傷所致者反之。治療當根據火之虛實及所病臟腑的不同，而採用清熱瀉火、滋陰降火、涼血止血、益氣攝血等治法。治療不宜火灸，不宜發汗，用藥避免辛、燥、

香、竄。衄血不止者，亦可囑其安臥，勿情志過激，依出血部位的不同，給予局部冰敷。

（4）治流鼻血：海金沙（黑根）2 兩，排骨或瘦肉加酒 1 碗，5 碗水煮至剩 3 碗，三餐飯後喝 1 碗。（高雄市茄萣鄉 ・ 林秀凝 / 中國藥學 57 屆 ・ 曾蕙君）

【治肝炎】

（1）臭瘥草、水苳根（三白草科植物三白草之地下莖，為利尿劑）、打壁癀、茜草、桶鉤藤葉各 20 公克，黃水茄 40 公克，燉雄豬小肚，效佳。

（2）水苳根 40 ～ 75 公克，水煎服，效佳。

（3）甜珠仔草約 110 公克，蜜棗 3 個，水煎代茶飲用。

（4）活力菜、小葉冷水麻各 2 兩（皆取鮮品），水煎服。

（5）治急性肝炎：取毬蘭鮮葉，打汁服。（臺中市 ・ 阿賢青草行）

（6）保肝：小金英、白馬蜈蚣、水丁香、六月雪、南非葉（鮮品），水煎服。（臺中市 ・ 漢強百草店 / 中國藥學 57 屆 ・ 賴子維）

【治黃疸】

（1）甜珠仔草 75 公克，與等量之水丁香共同煎服。

（2）菁芳草、金針花各 1 兩，水煎服。（桃園市 ・ 許茹芸 / 中國藥學 57 屆 ・ 邢乃萱）

【治肝硬化】

（1）馬齒莧、人參各 1 兩，搗汁調和，作茶水喝。（宜蘭縣壯圍鄉 ・

陳秀梅 / 中國藥學 57 屆 · 張芷馨）

（2）野青樹枝葉 1 兩、石上柏 2 兩，水煎服。（臺東地區）

（3）治肝硬化、肝癌：半枝蓮、穿心蓮各 1 兩，白花蛇舌草 2 兩，加一點冰糖，水滾再小火煮 40 分鐘，當茶喝。（訪問者母親 · 葉銀寶 / 中國藥學 57 屆 · 鄭凱鴻）

【降血壓方】

（1）臭瘥草、仙草各 70 ～ 100 公克，水煎服。

（2）桑葉、白茅根及甘蔗，水煎服。

（3）犁壁刺（蓼科植物扛板歸之全草）40 公克，水煎代茶飲。

（4）虱母子根、甘蔗、牛頓草，水煎服。

（5）甜珠仔草 35 ～ 75 公克，煎水服，治血熱、夏天過勞、傷濕氣、口乾、高血壓、眼炎、氣管炎及肺炎，能解熱，退肺火。

（6）雞腸草 5 錢，煮鮮豆腐吃。（苗栗縣造橋鄉 · 吳雲禎 / 中國藥學 56 屆 · 何易儒）

【降血糖方】

（1）珠仔草（此處所指為菊科植物石胡荽之全草）900 公克、雞去四尖及內臟，忌用水洗，藥置肚內，米酒及水各半，燉服。

（2）小飛揚，或與豬母乳或白豬母乳合用，水煎服。

（3）龍眼花（或龍眼根）、龍船花、丁豎杇、白肉豆根、小本山葡萄各 20 公克，燉排骨或赤肉服。

（4）龍眼根適量，煎水作茶飲。

（5）鮮馬蹄金、鮮茅根各 250 公克、玉蜀黍鬚 150 公克，水煎服。

（6）咸豐草 190 公克，燉豬腰服。

（7）牛乳婆頭（桑科植物牛乳房之粗莖及根）、白龍船花根各 40 公克，青山龍（豆科植物血藤之藤莖）20 公克，燉豬排骨服。

（8）紅骨蛇（此處指蓼科植物紅雞屎藤之根及藤莖）、枸杞根各 40 公克，水煎服。

（9）蛇莓全草搗汁服。

(10) 埔鹽、咸豐草頭各 75 公克，生地 20 公克，燉雞，或水煎服。

(11) 蔡鼻草（莧科植物紫莖牛膝之全草）葉切細，調鴨蛋 2 ～ 3 枚，苦茶油炒蛋食；另用咸豐草頭 220 公克，燉赤肉服。

(12) 白豬母乳、紅乳仔草各 40 公克，水煎代茶飲。

(13) 鮮豬母乳 200 公克，燉赤肉服。

(14) 番石榴葉、豬母乳各 30 公克，煎服效佳。

(15) 樟根 40 公克，水煎服。

(16) 白豬母乳、有加利心葉、拔那仔心葉各 20 公克，燉排骨服。

(17) 白豬母乳、那拔仔心各 500 公克，燉排骨服，數次可癒。

(18) 有加利葉 40 公克，水煎服。

(19) 有加利心葉、拔仔心葉、白豬母菜各 40 公克，燉排骨服。

(20) 有加利葉、拔仔心各 40 公克，煎水服；或加碎補 20 公克，白豬母乳 12 公克，龍眼根及斑芝根（木棉科植物木棉之根）各 60 公克，水煎服。

(21) 有加利心葉，搗汁半碗服。

(22) 有加利葉切碎，曬乾，單用 24 ～ 32 公克，煎水服。

(23) 鮮有加利枝葉 200 ～ 240 公克，燉赤肉服。

(24) 有加利根 20 公克，煎水服。

(25) 番石榴心、有加利根或葉、白豬母乳、番茄葉，水煎服。

(26) 拔那果皮日服 3 枚，半月奇效，宜久服。

(27) 海當歸全草 40 公克，煮冰糖服。

(28) 番麥鬚 20 公克，煎水服。

(29) 豬母菜與蕃石榴葉，酸梅或檸檬，煎水服。

(30) 樹豆的根及粗莖，切段，與排骨同燉。

(31) 糖尿病初期煩渴：活力菜、桑葉、冬瓜各適量（皆取鮮品），水煎服。

(32) 芭樂葉水煮，每天當茶喝。（臺中市 ‧ 江永言 / 中國藥學 57 屆 ‧ 陳奎元）

【降尿酸方】

(1) 橄欖鮮品 10 ～ 20 斤，洗淨晾乾，無水加米酒頭，淹過橄欖 2 ～ 3 吋，密封半年，每次服用 50 ～ 150 c.c.，早晚各 1 次。（中國藥學 57 屆 ‧ 陳泓誼）

(2) 治痛風方：檳榔荖葉 20 片、米酒 600 c.c.，煎煉成 1 碗服用，連續服 7 天。（中國藥學 57 屆 ‧ 呂貞慧）

【治小兒麻痺】

（1）（大）風藤煎水洗滌，一月見效。

【治憂鬱症】

（1）俗諺云：失戀要吃香蕉。香蕉對於憂鬱症似乎有療效。

（2）金針又名「忘憂草」，可知其具有抗憂鬱之作用。

【治腦震盪】

（1）新鮮金錢薄荷適量，搗汁加蜂蜜服用。（彰化縣伸港鄉 · 柯苑華 / 中國藥學 57 屆 · 柯佩萱）

【治頭痛】

（1）艾草、白花赤查某草、金錢薄荷、黃水茄各 2 兩，3500 c.c. 水熬煮 1 小時成 2500 c.c.，三餐飯後當茶喝，一帖服用 2 天。（桃園市 · 許茹芸 / 中國藥學 57 屆 · 邢乃萱）

【治坐月子時頭痛】

（1）白花虱母頭、大風草頭、羊帶來、地斬頭（指菊科植物毛蓮菜或天芥菜之類）、鐵馬鞭各適量，將上述 5 種藥材和米酒加入雞湯內一起燉煮。（苗栗縣造橋鄉 · 黃吳秋蘭 / 中國藥學 56 屆 · 何易儒）

說明：

易儒訪談得知，地斬頭有兩種，一種是植株較高，另一種是植株較低，葉子平貼於地面的，此種驗方的地斬頭要選擇的是後者。

【治月內風】

（1）珠蘭、枸杞、哆年根各 40 公克，水煎服。

（2）去風，治產婦腰酸：蕃仔刺 110 ～ 150 公克，燉赤肉服；治手腳風，燉豬腳服。

（3）防止產婦於坐月子時，受涼感冒：新鮮大風草（莖葉）3 ～ 4 斤，將其加水煮開後的湯液，給產婦洗澡。（臺中市太平區．吳進義 / 中國藥學 57 屆 ． 吳欣怡）

【治產後子宮收縮不佳】

（1）紫莖牛膝根及莖以麻油炒過，再以半酒水或全酒燉雞服。（苗栗縣造橋鄉 ． 黃吳秋蘭 / 中國藥學 56 屆 ． 何易儒）

【治婦人帶下】

（1）治白帶：荔枝根、龍眼根、白肉豆根、椿根、當歸各 10 公克，燉豬小腸服。

（2）治白帶：龍眼花 20 公克，燉赤肉服；或與白花草合用。

【治月經不調】

（1）花生膜（指種皮）適量，煮水喝。

【治經痛】

（1）含殼草搗爛，取其汁加蜂蜜約 1 碗，生服。（宜蘭縣壯圍鄉 · 陳秀梅 / 中國藥學 57 屆 · 張芷馨）

【治乳癰】

（1）珍珠蓮根及莖 1 ～ 2 兩，水煎服。（苗栗縣造橋鄉 · 黃吳秋蘭 / 中國藥學 56 屆 · 何易儒）

【治癰瘡腫毒】

（1）治瘡癤，有消散之功：蕃仔刺、鈕仔茄、黃水茄、水荖根、冇骨消根、狗頭芙蓉、六月雪及萬點金各 15 公克，半酒水，煮青皮鴨蛋服。

【治蜂窩性組織炎】

（1）活力菜、蘆薈（去皮）、到手香各適量（皆取鮮品），加少量新鮮薄荷，搗爛外敷。

【治帶狀疱疹】

（1）新鮮千金藤（又稱黃金藤）適量，搗爛加少許酒，再加泡軟的糯米一起搗爛，外敷患處。（馬遠 · 布農族人使用，但源於漢人 / 臺東區農業改良場 · 余建財助理研究員）

說明：

受訪族人口述表示，得此病傷口熱又超痛，等長身體一圈就危險，村落曾有患者因而往生。

【治外傷】

（1）消炎方：取蘆薈切開後，流出之黏液塗抹患部。（南投縣名間鄉・洪國爵 / 中國藥學 57 屆・洪銘揚）

（2）外傷：蘆薈葉片 1 片，撕下外層再用內層的葉肉直接敷在傷口上。（中國藥學 57 屆・林子鈞，訪問其臺南的阿嬤）

【治皮膚過敏】

（1）甘草、黃柏各買 15 元，煮茶喝，2 ～ 3 次可癒，皮膚流湯流膿亦可用。（臺中市新社區・張添枝，2013 年提供）

（2）解肝毒，治皮膚過敏：石壁癀（毬蘭）2 把，煎水服或曬乾磨粉食用。（南投縣竹山鎮・黃陳秀枝 / 中國藥學 57 屆・曾冠瑋）

【治皮膚癢】

（1）三角鹽酸取足夠一次洗澡量（滿鍋），加鹽巴用水煮滚，擦拭身體。（南投縣名間鄉・洪國爵 / 中國藥學 57 屆・洪銘揚）

【治癬方】

（1）珠蘭煎水洗，治牛皮癬。

【治攝護腺肥大】

（1）土豆根（即花生根）1 兩，煎水服。或加蝶豆花更佳。

（2）含羞草根及莖約 4 兩，加瘦肉煎服。（苗栗縣造橋鄉・黃吳秋蘭 / 中國藥學 56 屆・何易儒）

（3）鹹蝦花 1～2 兩，水煮當茶飲，3 天服完，可減少夜尿次數。（仁德醫護管理專科學校 · 林穎志副教授）

【治遺精】

（1）治腎虛遺精：取白鴨杏（不會生蛋的菜鴨）與白刺杏、白椿根共燉服食，效佳。（彰化縣福興鄉 · 黃受聰）

【治早洩、陽萎】

（1）龍眼肉（早洩分量加倍）、荔枝肉（陽萎分量加倍）、肉蓯蓉、蒺藜、高麗參、丁香、金櫻子、蛇床子、淫羊藿、熟地、陽起石、茯苓及枸杞各等分為末，藥用量 13 公克，日服 3 次，一週見效。

【治精蟲稀少】

（1）虎爪豆（又名富貴豆、藜豆）適量，煮食。

（2）治男人尿白濁，改善精蟲的數量：白刺杏頭適量，與豬腸或尾椎骨一起煮服。（彰化縣伸港鄉 · 柯苑華 / 中國藥學 57 屆 · 柯佩萱）

【減重方】

（1）荷葉適量，煮水喝。

（2）消脂：仙楂 5 錢、決明子 1 兩、烏梅 10 顆、甘草 5 片、玫瑰花 3 錢、洛神花 6 錢、甜陳皮 5 錢，水煎服。（臺中市青草街 · 劉清周 / 中國藥學 57 屆 · 許琳）

【生髮方】

（1）治毛髮光禿（尚存毛囊者），可取桑根（即桑的根部切片）煎汁，外塗患處。（南投縣埔里鎮 ‧ 葉源河）

【早生貴子方】

（1）黃耆、黨參、枳殼、沉香、沒藥、甘草、胡桃、枳實、川芎、石菖蒲（又稱昌楊、昌羊）各 2 錢，玉竹 1 錢，可製成藥丸吃。（臺中市烏日區 ‧ 黃崇睎藥師 / 中國藥學 57 屆 ‧ 陳佳瑜）

【治不孕方】

（1）可使女生排卵正常、容易受孕，對於男生轉骨也有很大的幫助：鴨舌草適量，可燉雞湯或煎蛋服用。（彰化縣伸港鄉 ‧ 柯苑華 / 中國藥學 57 屆 ‧ 柯佩萱）

（2）治不孕、月經不順：含殼草（全草）2 兩，燉土雞食。（南投縣竹山鎮 ‧ 黃陳秀枝 / 中國藥學 57 屆 ‧ 曾冠瑋）

【轉骨方】

（1）長不高：九層塔 2 兩，狗尾草 1.5 兩，含殼草、橄欖根、丁豎杇各 1 兩，楦梧 5 錢，紅棗數粒，燉雞吃。（臺南市安南區 ‧ 陳餢 / 中國藥學 57 屆 ‧ 王宲筠）

（2）九層塔頭 2 兩，當歸、川芎各 3 錢，川七 2 錢，土雞半隻，以水燉煮服用。（桃園市大園區 ‧ 宋宜芳 / 中國藥學 57 屆 ‧ 張筌）

（3）益母草、金錢薄荷各適量，煮雞湯服用。（彰化縣伸港鄉 ‧ 柯苑華 / 中國藥學 57 屆 ‧ 柯佩萱）

【抗衰老】

（1）薑片 2 ～ 3 片、紅棗 3 顆，搭配蜂蜜水 1 杯服食。（南投縣埔里鎮 ‧ 王淑莉 / 中國藥學 57 屆 ‧ 陳奎元）

（2）補腎養生：小米 1 把、核桃 2 枚、黑豆 1 把、黑芝麻 1 小把、枸杞 1 小小把、山藥 2 片，水煮服食。（南投縣埔里鎮 ‧ 劉麗美 / 中國藥學 57 屆 ‧ 陳奎元）

【去老人斑，改善睡眠】

（1）蕃薯藤適量，煮茶，睡前喝 1 碗。（彰化縣伸港鄉 ‧ 柯苑華 / 中國藥學 57 屆 ‧ 柯佩萱）

【治酒後感風】

（1）菁芳草 2 兩、馬鞭草 1 兩，加酒少許，水煎服。（桃園市 ‧ 許茹芸 / 中國藥學 57 屆 ‧ 邢乃萱）

【通經絡】

（1）地瓜 3 條（大小如兩根拇指）、米酒 1 碗，電鍋蒸。（高雄市鳳山區 ‧ 陳阿幼 / 中國藥學 57 屆 ‧ 邢乃萱）

【治烏腳病、發炎】

（1）六神花（鐵拳頭）適量，浸米酒半年。（苗栗縣造橋鄉 ‧ 黃吳秋蘭 / 中國藥學 56 屆 ‧ 何易儒）

說明：

易儒的外婆提到之前有位朋友得了烏腳病，醫生說可能需要截肢，但是塗抹了此種驗方之後就痊癒了，此種驗方也有消炎的功效。

【治針眼】

（1）蒲公英適量，葉子用棉布袋包起來搗碎，生飲汁液。（臺中市太平區・王珠蓉/中國藥學57屆・吳欣怡）

【治眼睛花霧、流目油】

（1）薄荷適量，煎蛋；牡蠣適量，炒後服用。（彰化縣伸港鄉・柯苑華/中國藥學57屆・柯佩萱）

（2）治眼睛視力模糊、流淚者：谷精20公克，茺蔚子12公克，黃精、枸杞子各8公克，白菊花4公克，煎水服。

【治眼炎】

（1）千里光、鼠尾癀、白花蛇舌草及枸杞各20公克，煮雞蛋服。

（2）小本山葡萄40公克，水煎服。

（3）含殼草適量，燉雞蛋服。

（4）甜珠仔草（全草）35～75公克，煎水服。

（5）枸杞根75～110公克，燉豬小肚或赤肉服。

（6）甜珠仔草40公克，羊角豆根、番薑仔頭各20公克，酒水各半，燉雞肝服。

（7）烏子仔菜頭、小本山葡萄、洋波頭各20公克，燉雞肝服。

（8）七日暈，一名雞母珠頭，治眼炎。與烏子仔菜、甜珠仔草，燉青殼鴨蛋服。

（9）變地錦切碎，苦茶油炒鴨蛋服。

（10）茜草根（俗稱紅根仔草），清涼解熱，治眼炎。

【治結膜炎】

（1）枸杞頭、白花蛇舌草、桑根、鼠尾癀各 10 公克，水煎服。

（2）一枝香、桉樹葉各 10 公克，山土豆子（草決子）20 公克，山葡萄（全草）、青蒿各 16 公克，水煎服。

【治眼痛】

（1）小本山葡萄、枸杞根、白馬屎各 40 公克，水煎汁，蒸雞肝服。

（2）治眼痛、眼起白翳：山四英（全草）150 公克，燉雞肝服；體冷者，加酒少許服。

（3）治神經痛、心火大、眼痛：梔子根 40 公克，水煎服。

（4）午時合根（指豆科植物牌錢樹的根）40 公克，燉豬肝服。

（5）治眼膜紅、疼痛、多淚者：葉下珠 30 公克，山秀英、小本山葡萄各 20 公克，苦草（當藥）15 公克，水煎服。

【治眼生紅絲】

（1）七葉枸杞（指薔薇科植物龍芽草的全草）、大號山葡萄各 40 公克，水煎服。

（2）治肝病、眼赤：桶交藤心尾（指大戟科植物扛香藤的嫩枝葉）適量，水煎服。

【治風火熱目】

（1）紅根仔草（莖葉）80 公克，燉雞服。

（2）治熱目：木賊草（指接骨筒）、谷精珠、草決明子各 12 公克，千里光 20 公克，水煎服。

【治眼翳】

（1）山四英行血，治眼起翳。與千里光、山芙蓉、刺白花、小金英各 20 公克，燉雞蛋服。

（2）治眼翳、敗腎、腰痠：小本山葡萄燉豬腸或赤肉服。

（3）去眼翳，以鈕仔茄（根）75 公克，燉雞蛋服。

（4）鵝不食草治眼角膜炎及翳膜方：用甜酒釀 1 小碗，青皮鴨蛋 1 枚，蒸全草 1 握，連服一月。

（5）千里光（指豆科植物鐵掃帚的莖葉）味酸、澀、苦。能涼肝、破血、散風血凝滯、明目活血，治目生翳膜，入肝、膽之要藥。

（6）治眼生翳膜：千里光、紅根仔草、烏牛乳根、抹草、小本山葡萄各約 20 公克，半酒水燉雞蛋服。

（7）枸杞根、千里光、熟地、白菊、谷精、桑白、蔓荊、狗頭芙蓉、白粗糠頭、生芍、甘杞、夜明砂、當歸、牡丹皮，燉雞肝服。

（8）治眼生赤肉：蝦公挾仔頭（指菊科植物咸豐草的根）、山李仔根，燉雞蛋服。

（9）小本山葡萄 110 公克，半酒水燉雞肝服。或與千里光、四英花頭、辣椒頭各 40 公克。

(10) 大本乳仔草，全草浸水，搗汁兑酒，其液汁點眼去眼翳。

(11) 治眼白珠：葉下珠，一名苦珠仔草，用 200 公克，半酒水燉雞蛋。

(12) 治眼內起珠：白刺莧 120 公克，半酒水燉赤肉服。

(13) 苦藍盤心與雞蛋共搗，敷患處。

說明：

眼翳病是常見的角結膜病變。它是一種球結膜及結膜下組織向角膜內面侵襲的退化性病變。一般而言，靠近結膜的一側底部較寬，侵犯角膜的一側則為尖狀，因為常是呈現三角形的膜狀組織，很像昆蟲的翅膀，故被稱為翼狀贅片。它的好發位置多位於鼻側的瞼裂部，部分病患也在顳側或兩側發生；而通常男性發生率高於女性。眼翳發生的確切原因並不十分清楚，但是它與紫外線的曝曬有強烈相關性，所以推測它的發生與進展和長期的外界刺激有關。陽光中的紫外線照射、乾熱的氣候、灰塵、風沙及結膜的慢性炎症等都可能是刺激其發生的因素。因此，愈靠近赤道的國家發生率就愈高；臺灣地屬亞熱帶，所以也是好發的地區。

【治小兒夜盲症】

(1) 含殼草用麻油炒，半酒水，燉雞肝，3 次可癒。

【治瞳孔擴大】

(1) 茺蔚子，益精，明目，治瞳孔擴大、眼翳。與雞冠花子、谷精子、五味子、千里光等煎服，治瞳仁散大，去五味子，加木賊草、決明子，治眼紅熱目。

【眼病】

（1）千里光、葉下珠、珠仔草（指菊科植物石胡荽的全草）切碎，煎雞蛋服。

（2）枸杞頭 75 ～ 110 公克，水煎服。

（3）枸杞根、杭菊、熟地及黃精各 10 公克，水煎服。

（4）黃水茄適量，煎水服；眼不紅用酒煎服。

（5）甜珠仔草（全草）75 公克，燉雞肝服。

（6）珠仔草（指石胡荽）切碎，麻油煎雞蛋服。

（7）大號一枝香（全草）20 公克，水煎服，解熱，治眼病，喉痛。

（8）千里光、山芙蓉、山葡萄、白龍船花頭各 40 公克，燉雞肝或雞蛋服。

（9）木賊草、紅根仔草、黃柏、歸尾、名精、杭菊、荊芥、防風、茯苓、梔子、柴胡、生地、元參、金蟬、甘草各約 6 公克，水煎服。

(10) 木賊草（指接骨筒）40 公克，水煎服。

(11) 白刺莧、甜珠仔草、雞母珠、雞舌癀、黃花蜜菜，煎水服。

(12) 白刺莧 240 公克，煎水服，兼具消炎作用。

(13) 抹草根為眼藥。

(14) 治眼疾、風濕：大本乳仔草 20 ～ 60 公克，水煎服。

(15) 葉下珠 40 公克、千里光 60 公克、珠仔草（指石胡荽)20

公克，燉雞肝服。

(16) 治酒感、打傷、眼疾：珠仔草（指葉下珠）燉雞蛋服。

(17) 葉下珠，一名倒地珠仔草，與紅根仔草、蛇婆、燈籠仔草（苦蘵），燉雞蛋服。

(18) 珠仔草（指葉下珠）加黑糖，燉雞蛋服。

(19) 葉下珠治眼疾，燉雞肝服。

(20) 治眼病，消散（退癀）：大山葡萄、山芙蓉、千里光、龍船花根各 40 公克，燉雞肝或雞蛋服。

(21) 高雄旗山山胞以番石榴葉煎汁洗眼；屏東山胞用布拈番石榴葉之煎汁，敷於眼部。

(22) 變地錦、珠仔草（指葉下珠）、鼠尾癀、蛇婆，煮鴨蛋服。

(23) 白粗糠根、芙蓉根各 20 公克，山李仔頭 12 公克，番椒仔頭 4 公克，燉肝類服。

(24) 高雄山胞治眼疾，以紫背草（葉）搗汁，滴入眼內。

(25) 旗山山胞以臺灣山澤蘭（葉）搗汁，滴入眼內。

(26) 高雄旗山山胞治眼病，以臺灣油點草（又稱石溪蕉）葉搗汁，洗眼。

(27) 鹿仔樹根、山葡萄、冇骨消、山李仔根各 20 公克，燉雞肝服。

常用藥膳配方 6 首

（1）藥燉排骨配方：桂尖 7 錢，甘杞、羊奶頭各 5 錢，通天草 3 錢，當歸、川芎各 2 錢，肉桂碎 1 錢，熟地 1 小片，甘草 2 片，除甘杞之外，其餘皆用過濾紙袋裝。（臺中市烏日區 · 黃崇晗藥師 / 中國藥學 57 屆 · 陳佳瑜）

（2）當歸鴨配方：桂尖 7 錢，當歸、甘杞各 5 錢，肉桂碎、川芎、陳皮各 1 錢，黃精 1 小片，甘草 2 片，除甘杞之外，其餘皆用過濾紙袋裝。（臺中市烏日區 · 黃崇晗藥師 / 中國藥學 57 屆 · 陳佳瑜）

（3）燒酒蝦配方：桂尖 7 錢，甘杞 5 錢，肉桂碎、當歸、川芎、陳皮各 1 錢，甘草 2 片，小茴少許，除甘杞之外，其餘皆用過濾紙袋裝，另外再放生薑片數片。（臺中市烏日區 · 黃崇晗藥師 / 中國藥學 57 屆 · 陳佳瑜）

（4）一般滷包綜合香料：大茴、小茴各 2 兩，花椒 1 兩半，川芎 7 錢，歸尾、桂枝、甘松各 5 錢，熱鍋上微炒再打成碎片。（臺中市烏日區 · 黃崇晗藥師 / 中國藥學 57 屆 · 陳佳瑜）

（5）牛肉滷包配方：桂尖 5 錢、陳皮 2 錢、青皮 1 錢、草果 1 粒（打破）、山奈 1 粒、甘草 2 片、綜合香料（見上方）2 錢。（臺中市烏日區 · 黃崇晗藥師 / 中國藥學 57 屆 · 陳佳瑜）

（6）薑母鴨配方：桂尖 7 錢，甘杞、白皮黨各 3 錢，乾薑 2 錢，川芎 1 錢半，肉桂碎、當歸、陳皮各 1 錢，小茴少許，甘草 2 片。（臺中市烏日區 · 黃崇晗藥師 / 中國藥學 57 屆 · 陳佳瑜）

編語：白皮黨即潞黨參，又名上黨、上黨參、上黨人參、異條黨等，為產於山西長治（秦代稱上黨郡，隋代稱潞州，故有上黨參、潞黨參之稱）一帶者。本品是黨參中品質最優者，為地道藥材，多為栽培品。其按品質好壞又可分為貢潞、奎潞、禿潞等規格，貢潞品質最優，奎潞次之，禿潞又次之。

涼茶（青草茶）配方9首

（1）鳳尾草、乳仔草、筆仔草、六月雪頭、黃花蜜菜、甜珠仔草、紅田烏、紅雞屎藤頭、葉下珠、含殼仔草、鼠尾癀、牛頓棕、萬點金、紫蘇頭、車前草及咸豐草等，水煎服。

（2）鳳尾草、香薷、薄荷、紅骨蛇、仙草、乳仔草、甘草、桂枝、車前子、淡竹葉、一支香、鐵釣竿、紫蘇、萬點金、白花仔草、老公鬚、山油麻根及鐵馬鞭等，水煎服。

（3）（大花）咸豐草單味，水煎服，兼具保肝功能。

（4）車前草單味，水煎服，兼具降血脂功能。

（5）鳳尾草、榕樹鬚、金櫻根、白茅根、淡竹葉、桑白皮、夏枯草、蘆竹根、崗梅根、崗芝麻，水煎服。（本方傳為王老吉涼茶配方）

（6）鳳尾草、五爪金英、咸豐草、七層塔、甜珠草、白鶴靈芝、仙草、桑葉、萬點金、魚腥草、肺炎草、車前草，水煎服。（臺中市青草街 ・ 李漢強（夫人）/ 中國藥學58屆 ・ 游禮丞、蘇宥瑄、黃國維）

（7）天一神水：洛神、仙楂、陳皮、甘草、話梅。（臺中市青草街元五青草店 ・ 陳輝霖老師，2017年9月提供，口感不及優質的單味洛神花茶）

（8）天山杜仲茶：杜仲葉、山葡萄、咸豐草、白鶴靈芝、菊花等。（市售商品）

（9）黃花蜜菜、桑葉、六角英（狗肝菜）、牛港刺（可用 10 年以上的根）、牛奶樹（大冇樹，即稜果榕，為甜味來源），製成茶包，可沖泡。服此茶使人不易疲勞，能安神、調整腸胃功能、解酒。（桃園市 ・ 簡根元 提供，2017 年 10 月）

編語：牛港刺（請參見本書第 85 頁，白棘）含三萜類（微苦）、兒茶素、鈣、磷、鎂等，取根及莖入藥，可治骨刺、退化性關節炎、喉痛、腹瀉、便秘等。

臺灣民間驗方選錄（2）

本單元為本書第 2 版修訂時所增錄之內容，共選錄 198 首應用方例，皆源自臺灣民間調查成果，其劑量之換算如下：1 斤＝ 16 兩、1 兩＝ 10 錢、1 錢＝ 10 分、1 錢＝ 3.75 公克、1 兩＝ 37.5 公克、1 斤＝ 600 公克；1 ml（毫升）＝ 1 c.c.（立方公分，或稱立方厘米，英文為 cubic centimeter），多數驗方皆依原調查結果收錄，請自行換算參考。

部分方例後面附上提供者姓名，以示感謝之意；若出現「/」符號者，「/」符號前為受訪者，「/」符號後為調查訪問者。內容之「中國藥學」指中國醫藥大學藥學系。

【治肝炎】

（1）挖取蘆薈葉肉適量，與黃金蜆煮水服用。（臺中市北區 · 張淑娟 / 中國藥學 58 屆 · 李易昌、林家安、陳泰諭）

說明：

挖取蘆薈葉肉時，宜減少沾到黃色汁液，以免增加腹瀉風險。

（2）咸豐草水煎後，服用。（南投縣埔里鎮 · 訪問者外婆 / 中國藥學 58 屆 · 林方雯）

說明：

臺灣市售「咸豐草」藥材幾乎都以大花咸豐草作為來源植物。

（3）虎耳草汁半斤調蜜服，早晚各服一次。治急性肝炎一星期癒。慢性肝炎治療時間較長。肝硬化約服 40 多斤方癒。（臺灣民間方）

【治急性肝膽炎】

（1）正珍珠 4 錢，（正）牛黃、厚樸、大黃、活石、回春丹各 2 錢，水沉、木香、砂仁、良薑、皂角、梅片、川七各 1 錢，油桂 1 錢半，水煎服。（宜蘭市 · 鄭美瑛 / 中國藥學 58 屆 · 林劭恩）

【治砂眼】

（1）桑葉、野菊花各 10 公克，白樸硝 5 公克，水煎後去渣，取澄清液，每天點眼睛 3 次。（金華唐中醫診所 · 謝向斌醫師 / 中國藥學 58 屆 · 邱璟瑢）

【治眼疾】

（1）治眼病、結膜炎、目赤生翳、視力模糊：枸杞煮水喝，但不宜飲用過多，容易滑腸。（臺中市西屯區 ‧ 江日林 / 中國藥學 58 屆 ‧ 賴盈心）

（2）明目、清熱、利尿，治便秘、高血壓、風熱眼疾：將決明子（馬蹄決明）炒過，再煮水喝，味甘苦，性涼，有清肝明目、通便之效。若是治急性結膜炎則將決明子與菊花、蔓荊子、木賊，煮水喝。（臺中市西屯區 ‧ 江日林 / 中國藥學 58 屆 ‧ 賴盈心）

（3）治神經痛、心火大、眼痛：梔子根 40 公克，水煎服。（雲林縣元長鄉 ‧ 林德徹 / 中國藥學 58 屆 ‧ 吳雨潔）

（4）治初起眼痛：白菊花、麥文各 3 錢，生地、雙白、牛蒡子、木賊、防風、防風各 2 錢，金蟬 7 個，連橋 1 錢半，萬京子 1 錢，甘草 7 分。用水 2 碗煎 9 分，渣 1 碗半煎 7 分(飯後);小兒服成人十分之三。治男女老幼之初起眼痛、白仁紅根、生屎腫痛。（臺南市南區 ‧ 蔡松良 / 中國藥學 58 屆 ‧ 蔡秉融）

說明：

(a) 麥文即麥門冬。(b) 雙白：桑科桑樹根部，冬季挖掘去皮、洗淨、切段、曬乾而製成。(c) 金蟬：金蟬羽化前脫去之幼蟲殼，曬乾後製成。(d) 連橋：應是”連翹”音近詞。連翹指木犀科植物連翹果實，味苦，性微寒，能清熱解毒。(e) 萬京子：應是「蔓荊子」音近詞。為馬鞭草科植物單葉蔓荊或蔓荊的果實，味苦、辛，性涼。

（5）清肝明目，退肝火：青葙（種子）炒後，泡茶飲用。（南投縣名間鄉 ‧ 郭秀 / 中國藥學 58 屆 ‧ 林采薇）

（6）明目配方：石斛、枸杞、菊花，製成茶包，沖服。（中國醫藥大學 · 趙嶸博士於 2018 年 2 月提供）

【治沙粒目藥（外科用）】

（1）梅片 5 分、正紅瑪珯 1 錢、正熊膽 3 分、綠豆粉 4 分、石燕 8 分。共為末，和冷滾水（冷卻後的開水），點眼內。治男女眼病、生沙粒、紅根熱痛、肝脾有火、飛絲入眼。（臺南市南區 · 蔡松良 / 中國藥學 58 屆 · 蔡秉融）

說明：

(a) 梅片：正名「冰片」，為龍腦香科常綠喬木植物龍腦香樹脂加工品，味辛、苦，性微寒。可散鬱火、通諸竅。

(b) 正紅瑪珯：應是「正紅瑪瑙」音近詞。瑪瑙可為中醫所用，味辛，性寒。用於眼科極佳，可以瑪瑙研末點眼；內科則可用於治胃痛。

(c) 正熊膽：熊膽，味苦，性寒，清熱解毒、平肝明目。因取得熊膽過程殘忍且為生態保育，今日多以藥效相近草藥或其他藥材取代之，如：蒲公英、菊花等。

(d) 石燕：古生代腕足類石燕子科動物中華弓石燕及其近緣動物的化石，味甘，性涼，除濕熱、退眼翳。

【減緩老花眼】

（1）某位 80 歲的裁縫婆婆，對於針孔穿線仍眼睛準確，原來其媽媽交代～小時候就應養成採芙蓉葉煎蛋吃的習慣，其母再三叮嚀此道為（裁縫師必備之眼睛保健藥膳）。（桃園市藥用植物學會 · 張又千 會姐，2017 年 11 月提供）

說明：芙蓉葉即蘄艾的葉子，味苦。

【治乾眼症】

（1）鋪地錦竹草適量，水煎服。（南投縣 · 胡珮琪）

【治眼睛疲勞】

（1）枸杞頭適量，燉排骨服。（臺中市青草街 · 李漢強老師 / 中國藥學 58 屆 · 林聖迪、徐貫倫、賈皓然）

【治頭痛目眩】

（1）萬年松適量，加紅糖煎服。（雲林縣元長鄉 · 林德徹 / 中國藥學 58 屆 · 吳雨潔）

（2）感冒型頭痛：艾草、大風草、桂枝、土牛膝、川芎、埔鹽各適量，水煎服。（臺中市青草街 · 陳輝霖老師 / 中國藥學 58 屆 · 張旌瑋、黃世宇）

【治腦震盪】

（1）韭菜 4 兩，以 4 碗水熬成 1 碗，飲用。（南投縣埔里鎮 · 訪問者外婆 / 中國藥學 58 屆 · 林方雯）

說明：腦震盪用藥，臺灣民間還常用金錢薄荷（參見本書第 122 頁）、掛蘭（參見本書第 24 頁）。

【治癲癇】

（1）乾桃花適量，泡茶飲。（新北市中和區 · 黃先生 / 中國藥學 58 屆 · 張旌瑋、黃世宇）

（2）飛龍掌血（藤莖）適量，煮水喝。（臺灣嘉義）

【治心肌梗塞】

（1）大粒（紅肉）大白柚（根）、參鬚各適量，燉服（非煎服）。（彰化縣廣銨青草行 · 許國獎，2017 年提供）

【預防腦中風、通血路，治長年肩頸痠痛、高血壓】

（1）生耆 4 兩，川芎、淮七（即懷牛膝、淮膝）、鉤陳、鎖陽、六汗、桃仁、地龍、西紅花、天麻、木瓜、當歸尾、川七各 2 錢，赤芍 1 錢半，水 5 碗煎 1 碗，渣 3 碗煎 8 分，重者 3 天服用 1 帖，輕者 7 天服用 1 帖，藥頭及渣分別早晚空腹服用。（彰化縣線西鄉 · 柯秀琴 / 中國藥學 57 屆 · 曾蕙君）

【預防腦中風、通血路，治頸部緊、高膽固醇】

（1）正晉生耆 4 兩，（川）西龜尾、鎖陽各 2 錢，赤芍、（川）西紅花各 1 錢半，川芎、牛七、六汗、（川）地龍乾、桃仁、天麻、木瓜各 1 錢，水 5 碗煎 1 碗，渣 3 碗煎 8 分，早晚空腹溫服。（宜蘭市 · 鄭美瑛 / 中國藥學 58 屆 · 林劭恩）

【降血脂】

（1）顧心臟、清血油：洛神根（粗莖及根）適量，燉雞服。（苗栗縣三義鄉 · 張宏銘）

（2）桑根適量，加排骨，燉服，可清血路，但晚上容易想上廁所（利尿）。（苗栗縣三義鄉 · 張宏銘）

（3）去膽固醇：老薑 2 片、紅棗 5 個、瘦肉 2 兩、黑木耳 1 兩，水 5 碗熬成 2 碗，早晚空腹喝。（宜蘭市 · 鄭美瑛 / 中國藥學 58 屆 · 林劭恩）

（4）椰子（整粒，不要剖開）滾煮 8 小時，再剖開喝汁。（中華中青草藥養生協會 范兆強 理事，2017 年 12 月提供）

說明：可多粒一起滾煮，再冰存慢慢飲用。

【治中風（口開手撒，鼻鼾直視）】

（1）初飲：人參 1 兩、焦朮 2 兩、半夏和炮薑各 3 錢、附子和貝母各 1 錢。

（2）次服：人參 1 兩、焦朮 2 兩、熟當歸和麥冬各 1 兩、茯苓和棗皮各 5 錢、半夏 3 錢。

（臺中市成功路 · 蕭百草店，劉清周 / 中國藥學 58 屆 · 許家瑀、黃凱倫、侯修豪、鄭雪藝）

說明：

焦朮又名焦白朮、白朮炭。為白朮片用武火炒至外面黑褐色，裡面棕黃色，取出攤晾入藥者，偏重健脾止瀉。

【治心脈瘀塞】

（1）白背黑木耳、瘦豬肉各 1 兩，紅棗 5 個，生薑兩片，熬煮，空腹飲，殘渣可酌量食，日飲一劑。（屏東市 · 吳樹屏 / 中國藥學 58 屆 · 衛雨君）

【治心臟缺氧、無力，喘不過氣】

（1）芸香（心臟草、大陸草、臭芙蓉）適量，燉豬心。（中華中青草藥養生協會 創會理事長 蔡和順，2017 年 12 月提供）

說明：本藥草屬於芸香科植物，其葉片富含油點（室）。

（2）芸香、黃耆各 1 兩，大紅棗 3 粒，枸杞、黃精、粉光各 2 錢，水燉豬心服。（雲林縣中草藥植物學會 ‧ 張武訓 理事長，2017 年）

（3）杜仲 1 兩，(川) 丹參 3 錢，大紅棗 10 粒，仙楂肉、鹽澤瀉、炒桃仁、何首烏、黃耆各 2 錢，川紅花 5 分，水煎服。（雲林縣中草藥植物學會 ‧ 張武訓 理事長，2017 年）

（4）紫蘇、雷公根各 1 兩，（醃製）佛手柑 5 錢，水煎服。（彰化縣民間方，2016 年）

【降血壓】

（1）新鮮的玉米鬚適量，用文火熬煮半小時，服用時間為早晚各一次。（臺中市大里區 ‧ 柳林梅蘭 / 中國藥學 58 屆 ‧ 柳侑宏）

（2）山萵苣（俗稱大金英、鵝仔菜）適量，煮水當茶喝。（李鳳琴教授友人，2017 年提供）

（3）甘蔗水煎後，服用。（南投縣埔里鎮 ‧ 訪問者外婆 / 中國藥學 58 屆 ‧ 林方雯）

（4）水丁香、臭獻頭、紅柿根、風不動各適量，水煎服。（臺中市青草街 ‧ 陳輝霖老師 / 中國藥學 58 屆 ‧ 張旌瑋、黃世宇）

說明：臭獻頭為唇形科山香之粗莖及根（參見本書第 122 頁）。

【降眼壓】

（1）紅根仔草、一枝香、車前草各適量，水煎服。（嘉義縣梅山鄉・圳北社區 郭芳茂，2017 年 12 月）

【降腦壓】

（1）腦開刀，腦壓降不下：金錢薄荷適量，水煎服。（嘉義縣梅山鄉・圳北社區 郭芳茂，2017 年 12 月）

【治不寐】

（1）治法：以養血安神為主。

（a）心虛血少：生地 6 錢，茯苓 5 分，棗仁、麥冬各 3 錢。

（b）心虛火盛：當歸 2 兩、黃連半兩、甘草 5 錢。

（臺中市成功路・蕭百草店，劉清周 / 中國藥學 58 屆・許家瑀、黃凱倫、侯修豪、鄭雪藝）

（2）幫助睡眠：睡前吃番茄。（高雄市苓雅區・黃輝雄 / 中國藥學 58 屆・康育晨）

（3）治失眠：（生）珍珠母、鈎藤、丹參、夏枯草、朱茯神、合歡皮各適量，水煎服。（新北市中和區・黃先生 / 中國藥學 58 屆・張旌瑋、黃世宇）

（4）牛筋草（俗稱牛信棕）適量，煮水喝。（臺中市立人派出所・民防隊 楊棟煌 小隊長，2017 年 12 月）

【治打嗝】

（1）構樹（鹿仔樹）枝 5 兩，水煎服。（彰化縣廣銨青草行 ‧ 許國獎，2016 年提供）

【治胃脹氣】

（1）到手香適量，煮茶喝。（臺北市信義區 ‧ 黃士弦 / 中國藥學 58 屆 ‧ 黃國維）

【治胃病】

（1）狐貍尾、香櫞根、桂花根、樹梅根、鹽干根（指橄欖根）各 20 公克，水煎服。（雲林縣元長鄉 ‧ 林德徹 / 中國藥學 58 屆 ‧ 吳雨潔）

【治食慾不振】

（1）阿勃勒果實，食之。（南投縣埔里鎮 ‧ 訪問者外婆 / 中國藥學 58 屆 ‧ 林方雯）

（2）治不吃飯、腹脹：射銅草（指細葉水丁香）適量，加粉腸燉煮，吃粉腸喝湯。（苗栗縣三義鄉 ‧ 張宏銘）

【治消化不良】

（1）山楂半兩，加白蘿蔔 1 兩，煎湯 1 碗，1 日兩次。（臺北市文山區 ‧ 徐李四妹 / 中國藥學 58 屆 ‧ 徐貫倫）

【治急性腸胃炎】

（1）吳茱萸 1 錢，人參 5 分，大棗、生薑各 1.2 錢，加水 300c.c. 熬成汁喝。（臺南市北區 ‧ 黃金枝 / 中國藥學 58 屆 ‧ 衛雨君）

【治腸病毒】

（1）魚腥草、山芥菜各適量。（2016 中藥從業人員修習中藥課程培訓班 ‧ 北部班）

【治腹痛】

（1）青木香、細辛、樟根、炮仔草、雙面刺各 40 公克，酒水各半煎服。（雲林縣元長鄉 ‧ 林德徹 / 中國藥學 58 屆 ‧ 吳雨潔）

（2）腹痛脹氣：取新鮮含殼仔草適量，搗碎拌鹽。（南投縣 ‧ 胡珮琪）

（3）花椒 3 公克、乾薑 6 公克、香附 12 公克，水煎服，1 日兩次。（新竹市東區 ‧ 賈羅秋香 / 中國藥學 58 屆 ‧ 賈皓然）

（4）含殼仔草鮮品適量，燉雞湯服用，比較不傷胃。（臺中市青草街 ‧ 李漢強老師 / 中國藥學 58 屆 ‧ 林聖迪、徐貫倫、賈皓然）

【治腹瀉，兼顧胃】

（1）適量車前草，水煎服。（高雄市苓雅區 ‧ 黃輝雄 / 中國藥學 58 屆 ‧ 康育晨）

說明：

據臺中市太平區陳憲法中醫師對於車前草或車前子的止瀉機制思考，可能是經由利尿，帶出多餘水份，而協助達成止瀉作用。

（2）腹瀉：紫茉莉花、扁蓄、蒼蠅翅、橄欖根各適量，水煎服。（臺中市青草街・陳輝霖老師／中國藥學 58 屆・張旌瑋、黃世宇）

（3）含殼仔草適量，煎水服。（嘉義縣老人教育協會・大林班，2018 年 3 月）

（4）呼神翅、紅乳仔草各適量，煎水服。（嘉義縣老人教育協會・大林班，2018 年 3 月）

【治痢疾】

（1）鳳尾草、乳仔草、白花仔草、無頭土香、紅田烏、橄欖根、含殼仔草，水煎，加冰糖或冬蜜服。（雲林縣元長鄉・林德徹／中國藥學 58 屆・吳雨潔）

（2）鳳尾草適量，水煎或榨汁服用。（南投縣埔里鎮・訪問者外婆／中國藥學 58 屆・林方雯）

（3）緬梔花（雞蛋花）水煎後服用。（南投縣埔里鎮・訪問者外婆／中國藥學 58 屆・林方雯）

（4）新鮮鳳尾蕨 3 兩，水煎服。（臺中市青草街・李漢強老師／中國藥學 58 屆・林聖迪、徐貫倫、賈皓然）

（5）牛筋草 2 兩，加黑糖煮湯服。（新北市林口區・王高碧連／中國藥學 58 屆・賈皓然）

（6）治下痢：兔兒菜（本方之主藥）、金絲草、桑根、白茅根各適量，煎濃汁服。（賽夏族民間方）

【治盲腸炎】

（1）白益母草、桑寄生、鮮白金鳳花（去葉）各 40 公克，加

紅糖，水煎服。（雲林縣元長鄉 ・ 林德徹 / 中國藥學 58 屆 ・ 吳雨潔）

說明：

(a) 白金鳳花指白花鳳仙花，雲林縣土庫鎮有栽培，多取鮮品使用，主治盲腸炎。陳輝南老師表示白花鳳仙花還被應用於骨刺、杖傷之治療。(b) 咸豐草也是盲腸炎常用藥材之一。(c) 據嘉義縣梅山鄉 ・ 圳北社區 郭芳茂老師表示：白花鳳仙花又稱「指甲花」，是專門對腸系統的保養藥草。對於腸子變黑，可買桑寄生（較醜者，以免多是桑枝），二味藥材各適量，煎水服。

【美容方】

（1）美白潤膚霜：酒炒（白芍 6 公克、牡丹 6 公克），酒蒸（女貞子 6 公克、甘草 3 公克），以上加水 200c.c. 熬煮，去渣，然後放涼。滋潤皮膚，必需加油脂（甘油、橄欖油或椰子油任選），並加馬尾藻膠，打成漿，裝瓶，取適量使用。（彰化縣藥用植物學會 ・ 高一忠理事長，2016 年 9 月）

【髮色方】

（1）使頭髮染成金黃色：指甲花（屬於千屈菜科植物）的葉子，乾燥打粉；另將蘆薈打成汁，染髮前將蘆薈汁適量加到指甲花粉拌勻，均勻塗抹於頭髮，將頭髮密罩 4 小時，洗淨即可。（此種染髮，髮色可持續 1 個多月的效果）（臺中市水湳市場 ・ 張洪，2017 年 3 月）

說明：

Henna（黑娜或漢娜）是一種印度彩繪紋身，做為印度嫁娶時祝福之用。其原料天然不傷皮膚，即萃取自指甲花，純天然的植物染色在肌膚上，圖案約可維持 1 ～ 2 週，慢慢淡化以後會隨著角質層脫落！印度新娘們會在結婚當天畫上這個美麗的彩繪，據說只要彩繪的圖還在手上的一天，嫁出去的這段期間就不用做家事。

（2）使頭髮變黑：雞屎藤莖葉煮水，取藥液洗髮，可增加髮色之烏黑。（臺中市水湳市場，2017 年 3 月）

【治麻疹】

（1）白茅根加冰糖，煮水喝，但性冷，不宜喝多。（臺中市西屯區 · 江日林 / 中國藥學 58 屆 · 賴盈心）（三義仙草達人 · 張宏銘老師）

（2）海金沙（竹西仔草）全草、樟樹葉、龍眼葉，煮水泡澡。（三義仙草達人 · 張宏銘老師）

（3）治小兒麻疹、高燒不退：白茅（地下根莖）適量，水煎服。（南投縣名間鄉 · 郭秀 / 中國藥學 58 屆 · 林采薇）

【治皮膚病】

（1）七里香皮、白花蓮蕉各 20 公克，苦參根、白蒲姜葉、雞母珠葉各 10 公克，煎水外洗。（雲林縣元長鄉 · 林德徹 / 中國藥學 58 屆 · 吳雨潔）

【治濕疹】

（1）治濕疹、爛皮瘡：新鮮半枝蓮適量，搗爛敷患處。（臺北市文山區 · 徐李四妹 / 中國藥學 58 屆 · 徐貫倫）

（2）治濕疹疔瘡：魚腥草鮮草，絞汁外敷。（南投縣名間鄉 · 阿月 / 中國藥學 58 屆 · 林采薇）

【治蕁麻疹】

（1）茵陳蒿 3 ～ 6 錢為一日量，熬成汁服用。（臺南市北區 · 黃金枝 / 中國藥學 58 屆 · 衛雨君）

【治肺炎】

（1）下田菊（麻糬糊）適量，先煎汁，取藥汁加雞燉服，殊效。（花蓮市 · 黃文成，2016 年 11 月提供）

（2）打廣麻、定秤仔（萬點金仔）、河連豆草、桑葉，煮水喝。（韓岢庭 老師，2017 年 3 月提供。韓老師表示其鄰居拿來給牛喝，1 小時後牛可以站立吃草。）

（3）清熱、解毒、利尿、消肺膿瘍、治肺炎：新鮮的臭腥草（魚腥草、蕺草），效果較佳，可煮蛋花湯或放涼後加點蜂蜜或冰糖飲用。但性寒，體質虛弱、腸胃不佳的成人或孩童不能連續一直吃，會導致腹瀉。（臺中市西屯區 · 江日林 / 中國藥學 58 屆 · 賴盈心）

說明：

受訪者提到魚腥草在中國曾用於治療 SARS 患者，是中藥中的抗生素。

（4）治嬰兒肺炎：新鮮菁芳草搗汁，加冬蜜服。（雲林縣元長鄉 · 林德徹 / 中國藥學 58 屆 · 吳雨潔）

（5）取牛乳房（俗稱牛乳埔、流乳仔）的鮮葉適量，洗淨搗汁，約飲 7 分滿杯，可加蜂蜜，三餐各服 1 次。（南投縣竹山鎮 · 石榮通理事長，2017 年 9 月提供，肺炎易發燒）

【治發燒】

（1）治肺炎、高燒：茄苳葉、地瓜葉各適量，與蜂蜜煮水服。（臺中市北區 ・ 張淑娟 / 中國藥學 58 屆 ・ 李易昌、林家安、陳泰諭）

（2）治肺膿瘍、高燒：新鮮茄苳嫩枝葉適量，搗汁加蜜服。（花蓮市 ・ 黃文成，2016 年 11 月提供）

（3）治高燒、腦膜炎：左手香、八卦紅各適量，洗乾淨再用開水洗過，之後再搗汁服用。（臺中市北區 ・ 張淑娟 / 中國藥學 58 屆 ・ 李易昌、林家安、陳泰諭）

（4）（新鮮）到手香加水適量搾汁，加蜂蜜服。（臺中市軍功里 ・ 林玉味 / 中國藥學 57 屆 ・ 汪品君）

（5）治小兒發燒：山芥菜（俗稱山刈菜）鮮品適量，以米泔水洗淨搗汁，加蜂蜜（冬蜜尤佳）服，每次服 5 ～ 10c.c.。若拉肚子即停藥。（新北市石碇區 ・ 李浩銘，2016 年 11 月提供）

（6）適量左手香，水煎服。（高雄市苓雅區 ・ 黃輝雄 / 中國藥學 58 屆 ・ 康育晨）

（7）治感冒發燒：新鮮馬齒莧（豬母乳）榨汁服用。（南投縣埔里鎮 ・ 訪問者外婆 / 中國藥學 58 屆 ・ 林方雯）

（8）解熱：狗尾草新鮮 2 兩（乾燥 4 錢），煮湯服。（台北市文山區 ・ 徐李四妹 / 中國藥學 58 屆 ・ 徐貫倫）

（9）小孩發燒：冬瓜置冰箱保存，臨用時取出打汁，加砂糖或蜂蜜服。（桃園市藥用植物學會 ・ 張又千 會姐，2017 年 11 月提供，此方為家有育兒不可或缺之秘方）

（10）人莧（俗稱含仔草，即蚌仔草）適量，與黑糖水一起熬煮，內服。（中國醫藥大學 ・ 趙嶸博士於 2018 年 2 月臺中大坑調查）

（11）車前草（俗稱五根草）適量，水煎服。（彰化縣福興鄉復興南路於 2018 年 2 月調查）

【治氣喘】

（1）陳年蘿蔔乾（老菜脯）切片少量、倒吊榕根適量、野薑花根莖（含鬚）切片適量、冰糖少許，水煎服。（彰化縣和美鎮．林明郎 / 中國藥學 58 屆．林芷渝）

（2）曼陀羅花曬乾，只能服用少量，過多會導致中毒。（臺中市西屯區．江日林 / 中國藥學 58 屆．賴盈心）

【治感冒】

（1）橄欖樹青果實（去核）60 公克，加生薑、紫蘇葉各 10 公克及蔥頭 15 公克，水煎服。（基隆市暖暖區．陳秋香 / 中國藥學 58 屆．游禮丞）

說明：

橄欖樹的根能顧脾胃，葉（乾燥打粉）能治過敏性鼻炎。

【治中耳炎】

（1）將新鮮虎耳草搗成汁，滴五、六滴到耳中，也可以用棉花沾生汁塞入耳中，但是要時常更換。（臺南市北區．黃金枝 / 中國藥學 58 屆．衛雨君）

說明：

除了虎耳草，到手香及漢氏山葡萄皆有相同作用，尤其漢氏山葡萄又稱「耳空仔藤」。

（2）鄰居因咳嗽，咳到引發中耳炎，住進 ICU 病房，建議其家屬取虎耳草汁，偷偷滴入患者耳道內，數次而痊癒。（桃園市藥用植物學會．張又千 會姐，2017 年 11 月提供）

【治耳瘤】

（1）羊帶來 10 公克，煎汁作硬膏，外科用。（雲林縣元長鄉 · 林德徹 / 中國藥學 58 屆 · 吳雨潔）

【治咳嗽】

（1）雞屎藤、桑椹根、埔鹽青、老薑各適量，二碗水煎八分。（臺中市北區 · 張淑娟 / 中國藥學 58 屆 · 李易昌、林家安、陳泰諭）

（2）河蓮豆草鮮品，打汁加一些蜂蜜，對咳嗽立效。（韓岢庭 老師，2017 年 3 月提供）

（3）魚腥草鮮葉適量，煎蛋食之。（臺中市太平區 · 黃富麵 / 作者調查 2017 年 5 月）

（4）雞屎藤、魚腥草等量，煮茶喝。（臺中市青草街 · 李漢強（夫人）/ 中國藥學 58 屆 · 游禮丞、蘇宥瑄、黃國維）

（5）紅川七葉適量，煮茶飲或燉粉腸食之。（臺中市太平區 · 黃富麵 / 作者調查 2017 年 5 月）

（6）桑葉適量，水煎服。（高雄市苓雅區 · 黃輝雄 / 中國藥學 58 屆 · 康育晨）

（7）化痰止咳：適量荷包花，水煎服。（高雄市苓雅區 · 黃輝雄 / 中國藥學 58 屆 · 康育晨）

（8）滿天紅（指臺灣鉤藤）適量，水煎服。（中華中青草藥養生協會創會理事長 蔡和順，2017 年 8 月提供）

（9）水梨水洗後，並且削皮，再放入電鍋燉，再食用。（南投縣埔里鎮 · 訪問者外婆 / 中國藥學 58 屆 · 林方雯）

（10）橘子洗淨後，連皮放入烤箱，烤 10 ～ 15 分鐘，連皮食用。（南投縣埔里鎮 · 訪問者外婆 / 中國藥學 58 屆 · 林方雯）

(11) 魚腥草、紫蘇、無頭香、萬點金各適量，水煎服。（臺中市青草街 · 陳輝霖老師 / 中國藥學 58 屆 · 張旌瑋、黃世宇）

(12) 小嬰兒 1 ～ 2 歲 2 位，咳嗽有痰，甚至睡覺咳到吐痰，本想以「狗尾草」增加其食慾。便使用狗尾草鮮品 1 斤熬汁，再加排骨熬湯，擔心小孩不愛吃，又取湯汁煮粥，沒想到吃了粥，2 位小嬰兒皆痊癒。（桃園市藥用植物學會 · 張又千 會姐，2017 年 11 月提供）

(13) 乾咳：生芝麻適量，加冰糖適量，水煎服。（新北市中和區 · 黃先生 / 中國藥學 58 屆 · 張旌瑋、黃世宇）

(14) 治久咳不癒：魚腥草鮮草，加青殼鴨蛋，炒食。（南投縣名間鄉 · 阿月 / 中國藥學 58 屆 · 林采薇）

(15) 治久咳不癒：整顆橘子，以炭火煨熱後，去皮吃果肉。（南投縣名間鄉 · 郭秀 / 中國藥學 58 屆 · 林采薇）

【支氣管炎】

(1) 荔枝草、傷寒草、滿天紅各 2 兩，崗梅、三角葉西番蓮各 1 兩，水煎服。（中華中青草藥養生協會 創會理事長 蔡和順，2017 年 12 月提供）

說明：

適用病人經常有微咳症狀。滿天紅指臺灣鉤藤地上部。

【治失聲】

(1) 膨大海以熱水泡開，飲用。（南投縣埔里鎮 · 訪問者外婆 / 中國藥學 58 屆 · 林方雯）

【治咳血】

（1）鐵線蕨根、地錦草根，加瘦肉豬腳燉服。（基隆市暖暖區 ・ 陳秋香 / 中國藥學 58 屆 ・ 游禮丞）

（2）新鮮雞冠花 15 公克，加豬肺，燉煮。（基隆市暖暖區 ・ 陳秋香 / 中國藥學 58 屆 ・ 游禮丞）

【治喉嚨腫痛】

（1）新鮮天胡荽 2 兩，搗汁加食鹽少許漱口。（臺北市信義區 ・ 黃士弦 / 中國藥學 58 屆 ・ 黃國維）

（2）治喉痛：馬鞭草全草，加多量食鹽，煎水服。（雲林縣元長鄉 ・ 林德徹 / 中國藥學 58 屆 ・ 吳雨潔）

說明：馬鞭草又稱「鐵馬鞭」，主要用於消炎止痛。

（3）到手香打成汁，可加蜂蜜。（宜蘭市 ・ 鄭美瑛 / 中國藥學 58 屆 ・ 林劭恩）

【治喉蛾（急性扁桃腺炎）】

（1）水丁香嫩葉，烏糖適量搗碎，用淨布包之，口含 5 分鐘。（彰化縣田尾鄉 ・ 陳生陽 / 中國藥學 57 屆 ・ 汪品君）

【治頭風】

（1）取艾頭及蘿蔔各 150 ～ 300 公克，燉豬頭，2 ～ 3 次可根治。（雲林縣元長鄉 ・ 林德徹 / 中國藥學 58 屆 ・ 吳雨潔）

【治氣鬱胸悶】

（1）雞屎藤根 2 兩，水煎服。（臺中市青草街 ‧ 李漢強（夫人）/ 中國藥學 58 屆 ‧ 游禮丞、蘇宥瑄、黃國維）

【治糖尿病】

（1）幫助糖尿病患者腳上的傷口癒合：指甲花（屬於千屈菜科植物）的葉子適量，泡酒至少 1 個月，需要時塗敷患處。（花蓮市 ‧ 黃文成，2017 年 3 月提供）

（2）每日 1 杯無糖熱可可，有益血糖控制。（韓岢庭 老師，2017 年 3 月提供）

（3）武靴藤根 1 兩，水煎服。（臺北市信義區 ‧ 黃士弦 / 中國藥學 58 屆 ‧ 黃國維）

（4）眼疾、糖尿病、腦中風：桑葉嫩枝切碎煮湯喝，性味甘寒、溫和，有清肝明目之效，可經年不患偏風。（臺中市西屯區 ‧ 江日林 / 中國藥學 58 屆 ‧ 賴盈心）

（5）新鮮木瓜葉（指水果番木瓜的葉子）適量，水煎服。（高雄市藥師公會演講討論成果，2017 年 9 月）

說明：

臺中市青草街陳輝南老師表示有不少鄉親購買使用。(2017.9.13)

（6）咸豐草燉豬肉，吃肉喝湯。（南投縣埔里鎮 ‧ 訪問者外婆 / 中國藥學 58 屆 ‧ 林方雯）

（7）豆仔草、芭樂乾、芭樂葉各適量，水煎服。（臺中市青草街 ‧ 陳輝霖老師 / 中國藥學 58 屆 ‧ 張旌瑋、黃世宇）

（8）已注射胰島素的病人之保養：貼壁家蛇 300 公克（半台

斤），加 8 公斤水，煎服。（嘉義縣梅山鄉 · 圳北社區 郭芳茂，2017 年 12 月）

【治腎虛】

（1）骨碎補磨成粉，與豬腎煮湯服用。（基隆市暖暖區 · 陳秋香 / 中國藥學 58 屆 · 游禮丞）

（2）羊奶頭（臺灣天仙果，採新鮮全株）適量，燉雞肉食用。（臺中市青草街 · 李漢強（夫人）/ 中國藥學 58 屆 · 游禮丞、蘇宥瑄、黃國維）

【消腫、利尿，治腎炎、膀胱炎】

（1）冇骨消（傷科，台語）水煎服飲用。若要治肺炎則再加蒲公英合煮，若要治無名腫毒、牙痛則再加虱母子頭合煮。（臺中市西屯區 · 江日林 / 中國藥學 58 屆 · 賴盈心）

（2）治腰尺（台語）發炎：取新鮮虎耳草適量，洗淨搗汁，約飲 7 分滿杯，可加蜂蜜，三餐各服 1 次。（南投縣竹山鎮 · 石榮通理事長，2017 年 9 月提供，腰尺發炎也會發燒）

（3）治小兒下消或泌尿道感染：水丁香適量，水煎服。（苗栗縣三義鄉 · 張宏銘）

【蛋白尿】

（1）白龍船、山素英、羊角豆各適量，水煎服。（臺中市青草街 · 陳輝霖老師 / 中國藥學 58 屆 · 張旌瑋、黃世宇）

【頻尿】

（1）生韭菜籽適量，煮水喝。（新北市中和區・黃先生/中國藥學58屆・張旌瑋、黃世宇）

【腎積水】

（1）佛手柑（果）乾吃，效佳。（臺中市青草街調查）

【腎結石】

（1）含羞草（見笑刺，利尿兼止痛）、化石草各2兩，化石樹1兩，車前草、珍中毛、金錢薄荷（或金錢草）各5錢，水煎1.5小時服。（若木材類需水煎2.5小時，每隔2小時喝1碗，連續服用）（中華中青草藥養生協會 創會理事長 蔡和順，2017年8月提供）

（2）化石方：金錢草、水丁香、化石樹、化石草，另加橄欖根、桂花根，水煎服。（臺中市青草街 元五青草店・陳輝霖老師，2017年10月提供）

【治骨質疏鬆】

（1）構樹枝葉、飛龍掌血各2兩，水煎服。

（2）治骨質疏鬆、腿抽筋：將雞蛋殼烤黃後碾碎，以1：10的比例倒入陳年老醋，浸泡3天以上，完成後，可在烹調用餐時服用。或將蛋殼磨粉後，混入飲料、麵食中一起服用。（金華唐中醫診所・謝向斌醫師/中國藥學58屆・邱璟瓘）

（3）骨骼退化、疏鬆：杜仲12兩（橫向撥開）、黑棗半斤、紅甘蔗頭 3 節、地瓜 2 ～ 3 斤（黃皮黃肉）、薑片少許、鹽少許，約煮6小時。（彰化縣和美鎮 ・ 謝素月/中國藥學58屆 ・ 林芷渝）

【治骨刺疼痛】

（1）白馬屎 4 兩、杜仲 1 兩（此 2 味先煎），10 碗水煎成 2 碗，再加酒 1 碗，再加石柱參 4 錢，燉排骨食用。（第 3 期臺灣中草藥辨識及臨床應用課程（基礎班）・ 姚貴文 提供於 2017 年 4 月）

（2）糯米團（莖葉）生吃。（2017 年 5 月陳亭仰 / 調查於桃園某阿嬤）

（3）生骨刺：林投根、紅刺蔥根、黃目子根各適量，加 6 碗水煎到只剩 1 碗水。（彰化縣和美鎮 ・ 謝素月 / 中國藥學 58 屆 ・ 林芷渝）

（4）治骨刺、風濕痛：當歸、（大）熟地、（正）杜仲、狗脊、黨參各 3 錢，靈仙、故紙、（竹）秦艽各 2 錢半，（正）川芎、桂枝、龜板、六汗、炙耆、巴戟、牛膝各 2 錢，正虎骨錢半，3 碗酒水煎剩 1 碗，燉尾冬骨。（彰化縣和美鎮 ・ 謝素月 / 中國藥學 58 屆 ・ 林芷渝）

（5）治骨刺：砂仁、風藤、桂枝、淮七、風不動、當歸、六汗各 2 錢，四神各 2 錢，牛七 1 錢，半酒水燉鱔魚。（宜蘭市 ・ 鄭美瑛 / 中國藥學 58 屆 ・ 林劭恩）

（6）七層塔（土荊芥、賴斷頭草）適量，取煎液。再加尾冬骨或排骨，搭配少許米酒，燉服。此方可治腰椎第 3 目疼痛，且 2 帖後見效。（嘉義縣老人教育協會 ・ 朴子班，2018 年 3 月）

【治風濕酸痛】

（1）蘄艾（根）、九層塔頭各適量，燉排骨食之。（南投縣中寮鄉 ・ 黃富麵的婆婆 / 作者調查 2017 年 5 月）

（2）山葡萄（根）浸酒，飲藥酒。（臺中市太平區 · 黃富麵 / 作者調查 2017 年 5 月）

（3）一條根浸酒，飲藥酒。（臺中市青草街 元五青草店 · 陳輝霖老師，2017 年 10 月提供）

（4）治風濕關節痛：雞屎藤全草及根頭，與排骨、酒、水一起燉服。（新北市土城區 · 林欽堯 / 中國藥學 58 屆 · 林采薇）

【強筋骨】

（1）番仔刺（金合歡的粗莖及根，豆科）、九層塔、楦梧頭、白埔姜頭，水煎服。（臺中市青草街 · 李漢強（夫人）/ 中國藥學 58 屆 · 游禮丞、蘇宥瑄、黃國維）

（2）山葡萄適量，浸酒服。或煎汁，取汁加仙草，燉雞服。（苗栗縣三義鄉 · 張宏銘）

【通筋路】

（1）晉耆、桂枝各 1 兩，杜仲、牛七、當歸、黨參、枸杞各 5 錢，沉香、白朮、川七各 2 錢，水煎服，但中午禁吃。（宜蘭市 · 鄭美瑛 / 中國藥學 58 屆 · 林劭恩）

【治筋骨酸痛】

（1）腰骨酸痛：紅鳳菜與豬肝拌炒，食之。（大坑地震公園市集 · 賣菜婦人，2017 年 5 月）

（2）（紅骨）九層塔鮮葉適量，煎蛋，再噴灑米酒食之。（臺中市太平區 · 黃富麵 / 作者調查 2017 年 5 月）

（3）治筋骨酸痛、風傷：鴨皂樹（指金合歡）與當歸、熟地、川芎、白芍、桂枝、故紙、木瓜、六汗、黃藤，煎水服。（雲林縣元長鄉 · 林德徹 / 中國藥學 58 屆 · 吳雨潔）

（4）治骨骼酸痛：枸杞、棗仁、靈仙、大棗、沙參各 5 錢，熟地、肉桂、陳皮、防風、玉竹、杜仲、牛七、前胡、白芍各 3 錢，六汗、羌活、茯苓、木瓜、川芎、秦艽、小茴香、甘草各 2 錢，半酒水燉尾冬骨，燉 1 小時以上。（彰化縣和美鎮 · 謝素月 / 中國藥學 58 屆 · 林芷渝）

說明：服本方期間忌食香蕉、鴨肉等。

（5）治關節炎：馬胡（台語）、川七各適量，再加適量的水煎服。（彰化縣和美鎮 · 林明郎 / 中國藥學 58 屆 · 林芷渝）

（6）治關節炎：九層塔頭適量，加全酒燉豬腳食用。（臺南市北區 · 黃金枝 / 中國藥學 58 屆 · 衛雨君）

（7）治全身痠痛：雞喀頭、萬點金、黃金桂、過山香、雙面刺、秤飯藤頭各 2 兩，水煎 3 小時服。（中華中青草藥養生協會 創會理事長 蔡和順，2017 年 8 月提供）

（8）案例：病人因腰痛膝蓋痛，痛到連睡覺都會痛醒，膝蓋痛到不能走路。骨科醫生說是長骨刺、骨骼老化、軟骨磨損，並建議換人工膝關節。治法：構樹葉煮水當茶喝，喝了一個月後，病人疼痛已全消失了。（2017 年，臺灣民間真實案例驗方）

說明：

構樹鮮葉 1 斤，加 4 斤的水，煮沸後，小火熬 2 ～ 3 小時，將葉撈出冷卻裝瓶，每天飲服 600 ～ 1000c.c.。連服 3 個月，覺得效佳。（臺中市藥用植物研究會 · 張文智常務理事 2017 年實踐應用）

（9）羊奶頭（具牛乳香味）、山葡萄、楦梧頭，再加桂枝、紅棗、

枸杞。此方能治筋骨酸痛、骨質流失。（臺中市青草街 元五青草店 · 陳輝霖老師，2017 年 10 月提供）

【治腰痛】

（1）腰冷如冰→風寒

六和散：當歸、杜仲、羌活、獨活、大茴、小茴，有汗加桂枝，無汗加麻黃或五積散加杜仲、吳萸。

（2）腰重、身痛風→濕

獨活寄生湯：獨活、桑寄生、當歸、茯苓、秦艽、防風、狗脊、靈仙、牛膝、肉桂、細辛、甘草或二朮、茯苓、杜仲、續斷、秦艽、防風、羌活、牛膝、炙草。

（上述 2 方源於臺中市成功路 · 蕭百草店，劉清周 / 中國藥學 58 屆 · 許家瑀、黃凱倫、侯修豪、鄭雪藝）

（3）鼠尾癀（爵床全草入藥，亦稱老鼠尾，生吃稍具酸味）適量，水煎服。（桃園市 · 高先生）

【治腰仔筋發炎】

（1）呼神翅（指三點金草）適量，煮茶喝。（臺中市大肚區 · 中和里林耀煌 里長）

（2）因行房過度導致腰仔筋發炎：一枝香（指傷寒草）、車前草各適量，絞汁沖蜜服。

說明：

傷寒草亦能消炎、止痛、退癀。（嘉義縣梅山鄉 · 圳北社區 郭芳茂，2017 年 12 月）

【骨骼保養】

（1）小本山葡萄、軟枝椬梧各 3 兩，燉尾冬骨服。

【治骨骼斷裂】

（1）（紅骨）九層塔頭適量，對患處薰蒸。（臺中市太平區 · 黃富麵 / 作者調查 2017 年 5 月）

（2）治骨折：一條根、白花菜，水煎服，並將其渣外敷患處。（雲林縣元長鄉 · 林德徹 / 中國藥學 58 屆 · 吳雨潔）

【治膏肓疼痛】

（1）藤紫丹（鮮葉）適量，加酒打汁服。（嘉義縣義竹鄉 · 黃銘煌理事長）

【治打傷、吐血（內傷）】

（1）鹽酸仔草適量，煮茶喝。（彰化縣田尾鄉 · 陳生陽 / 中國藥學 57 屆 · 汪品君）

（2）治打傷：龍吐珠、含殼仔草、旱蓮草、呼神實、鳳尾草、葉下紅、白花仔草、鹽酸仔草等鮮品，絞汁，泡酒服。（雲林縣元長鄉 · 林德徹 / 中國藥學 58 屆 · 吳雨潔）

【治跌打損傷】

（1）雞血藤、火炭母、細本山葡萄各 2 兩，紅棗 15 顆，水煎服。（彰化縣鹿港鎮 · 施啟東 / 中國藥學 58 屆 · 許家瑀）

（2）金不換、紅花、澤蘭、當歸、生地、牛膝、香附、蘇木、川七、鬱金、元胡、白芍、甘草各20公克，共研為末，每服7公克，用酒送服。（雲林縣元長鄉・林德徹/中國藥學58屆・吳雨潔）

（3）治跌打內傷：桑葉3～4片，瘦豬肉1小塊，3碗水煎剩7分服之。（彰化縣田尾鄉・陳生陽/中國藥學57屆・汪品君）

（4）新鮮的雞屎藤整株熬湯後，放入整顆未剝殼鴨蛋，可吃鴨蛋及喝湯。（彰化縣溪湖鎮・廖楊儼/中國藥學58屆・柳侑宏）

（5）治撞傷痛難當：白糖、蔥白少許，搗爛貼患部。（彰化縣田尾鄉・陳生陽/中國藥學57屆・汪品君）

（6）治跌打損傷、四肢風濕痛、神經炎：冇骨消的根燉排骨，若要活血化瘀則加入艾草搗爛敷於瘀血處。（臺中市西屯區・江日林/中國藥學58屆・賴盈心）

（7）呼神翅（鮮品）適量，搗敷跌打。（新北市新莊區・吳昕峰）

（8）新鮮千層塔（金不換）搗爛，加熱外敷。（南投縣埔里鎮・訪問者外婆/中國藥學58屆・林方雯）

（9）冇骨消適量，加米酒及水煮沸，降溫後擦拭腫痛處。（臺中市青草街・李漢強老師/中國藥學58屆・林聖迪、徐貫倫、賈皓然）

（10）雞屎藤根、莖各1兩，酒水煎服。（臺中市青草街・李漢強老師/中國藥學58屆・林聖迪、徐貫倫、賈皓然）

（11）骨碎補30公克，水煎服。（台北市文山區・徐李四妹/中國藥學58屆・徐貫倫）

（12）新鮮火炭母草的根2兩，加豬肉燉湯，加酒再燉10多分鐘後服。（新北市林口區・王高碧連/中國藥學58屆・賈皓然）

（13）新鮮天胡荽搗爛後加酒炒熱，敷於患處。（新北市林口區・王高碧連/中國藥學58屆・賈皓然）

(14) 小金英鮮品搗爛後外敷。(臺中市青草街 ‧ 李漢強老師 / 中國藥學 58 屆 ‧ 林聖迪、徐貫倫、賈皓然)

(15) 因車禍而腳疼痛發炎，走路跛腳：狀元紅(根及粗莖)鮮品，燉雞服，1 星期 2 次，2 個月痊癒。(桃園市藥用植物學會 ‧ 張又千 會姐，2017 年 11 月提供)

(16) 治下半身撞傷、跌傷：沈香 5 錢，生地、山龍根、木瓜各 3 錢，北仲 2 錢半，當歸、別甲、小茴、蘇木、桃仁、棗仁、西紅花、赤芍、流行各 2 錢，半酒水燉豬尾食用。(宜蘭市 ‧ 鄭美瑛 / 中國藥學 58 屆 ‧ 林劭恩)

【治扭傷】

(1) 取適量新鮮仙人掌，刮去外皮及刺，搗成糊狀，均勻塗於乾淨的布上，覆蓋於損傷部位並固定包紮。(金華唐中醫診所 ‧ 謝向斌醫師 / 中國藥學 58 屆 ‧ 邱璟璿)

(2) 治腰扭傷(內傷)：大號羊母奶適量，加完整雞蛋適量，用蒸的方式，後服用湯及蛋。(彰化縣田尾鄉 ‧ 陳生陽 / 中國藥學 57 屆 ‧ 汪品君)

(3) 鱧腸鮮草搗碎後，以米酒炒熱，敷於患部。(南投縣名間鄉 ‧ 郭秀 / 中國藥學 58 屆 ‧ 林采薇)

參考文獻（依作者或編輯單位筆劃順序排列）

1. 甘偉松，1964～1968，臺灣植物藥材誌（1～3輯），臺北市：中國醫藥出版社。
2. 甘偉松，1991，藥用植物學，臺北市：國立中國醫藥研究所。
3. 呂福原、歐辰雄，1997～2001，臺灣樹木解說（1～5冊），臺北市：行政院農業委員會。
4. 林宜信、張永勳、陳益昇、謝文全、歐潤芝等，2003，臺灣藥用植物資源名錄，臺北市：行政院衛生署中醫藥委員會。
5. 邱年永，2004，百草茶植物圖鑑，臺中市：文興出版事業有限公司。
6. 邱年永、張光雄，1983～2001，原色臺灣藥用植物圖鑑（1～6冊），臺北市：南天書局有限公司。
7. 高木村，1981，臺灣藥用植物手冊，臺北市：南天書局有限公司。
8. 高木村，1985～1996，臺灣民間藥（1～3冊），臺北市：南天書局有限公司。
9. 國家中醫藥管理局《中華本草》編委會，1999，中華本草（1～10冊），上海：上海科學技術出版社。
10. 張憲昌，1987～1990，藥草（1、2冊），臺北市：渡假出版社有限公司。
11. 郭城孟，2001，蕨類圖鑑，臺北市：遠流出版事業股份有限公司。
12. 郭城孟、楊遠波、劉和義、呂勝由、施炳霖、彭鏡毅、林讚標，1997～2002，臺灣維管束植物簡誌（1～6卷），臺北市：行政院農業委員會。
13. 黃世勳，2009，彩色藥用植物解說手冊，臺中市：臺中市藥用植物研究會。
14. 黃世勳，2009，臺灣常用藥用植物圖鑑，臺中市：文興出版事業有限公司。
15. 黃世勳，2010，臺灣藥用植物圖鑑（輕鬆入門500種），臺中市：文興出版事業有限公司。
16. 黃世勳、黃世杰、黃文興，2014，鹿港地區常見藥用植物圖鑑，臺中市：文興出版事業有限公司（出版）；彰化縣鹿興國際同濟會、中華藥用植物學會（共同發行）。
17. 黃冠中、黃世勳、吳介信，2011，大坑藥用植物解說手冊（1至5號登山步道），臺中市：文興出版事業有限公司（出版）；中華藥用植物學會（發行）。
18. 臺灣植物誌第二版編輯委員會，1993～2003，臺灣植物誌第二版（1～6卷），臺北市：臺灣植物誌第二版編輯委員會。

國家圖書館出版品預行編目 (CIP) 資料

實用藥用植物圖鑑及驗方：易學易懂 600 種 / 黃世勳作 -- 再版 .
-- 臺中市 : 文興印刷出版：臺灣藥用植物教育學會發行 . 民 107.04
面；　公分 .　——（神農嚐百草：SN01）
ISBN 978-986-6784-31-6（平裝）

1. 藥用植物　2. 植物圖鑑　3. 驗方　4. 臺灣

376.15025　　107005539

神農嚐百草 01 (SN01)

實用藥用植物圖鑑及驗方：易學易懂 600 種 第2版

Illustration and Formula of Practical Medicinal Plants

出 版 者	文興印刷事業有限公司
地 址	407 臺中市西屯區漢口路 2 段 231 號
電 話	(04)23160278
傳 真	(04)23124123
E-mail	wenhsin.press@msa.hinet.net
網 址	http://www.flywings.com.tw
發 行 者	臺灣藥用植物教育學會
會 址	407 臺中市西屯區漢口路 2 段 231 號
會務熱線	(0922)629390
作 者	黃世勳
發 行 人	黃文興
總 策 劃	賀曉帆、黃世杰
美術編輯 封面設計	銳點視覺設計 (04)22428285
總 經 銷	紅螞蟻圖書有限公司
地 址	114 臺北市內湖區舊宗路 2 段 121 巷 19 號
電 話	(02)27953656
傳 真	(02)27954100
再 版	中華民國 107 年 4 月
定 價	新臺幣 450 元整
ISBN	978-986-6784-31-6（平裝）

歡迎郵政劃撥　戶　名：文興印刷事業有限公司
帳　號：22785595